ASTON MARTIN

アストン・マーティン

ロバート・エドワーズ／著
相原俊樹／訳

二玄社

CG BOOKS

アストン・マーティン

原　題＝ASTON MARTIN ever the thoroughbred
2007年9月30日発行
著　者＝ロバート・エドワーズ
翻訳者＝相原俊樹（あいはら としき）
発行者＝黒須雪子
発行所＝株式会社 二玄社
　　　東京都千代田区神田神保町2-2　〒101-8419
　　　営業部 東京都文京区本駒込6-2-1　〒113-0021
　　　電話 03-5395-0511
印刷＝図書印刷株式会社
製本＝株式会社積信堂

ISBN978-4-544-40021-2
装丁＝小倉一夫

Originally published in English by Sutton Publishing
under the title 'ASTON MARTIN ever the thoroughbred'
©Robert Edwards
Published in Japan by Nigensha Publishing Co., Ltd. 2007
by arrangemen through The Sakai Agency.

Printed in Japan

JCLS (株)日本著作出版権管理システム委託出版物
本書の無断複写は著作権法上の例外を除き禁じられています。複写を希望される場合は、そのつど事前に (株)日本著作出版権管理システム(電話 03-3817-5670, FAX 03-3815-8199)の許諾を得てください。

contents
もくじ

序文　初版1999年版		4
第2版2004年版		5
序章：デイヴィド・ブラウン前史		6

第1部　　デイヴィド・ブラウン時代：第1世代

1	アストン・マーティン DB1	12
2	アストン・マーティン DB2	14
3	アストン・マーティン DB2/4	24
4	DB3、DB3S、ラゴンダV12	28
5	アストン・マーティン DB2/4 MkⅡ	32
6	アストン・マーティン DB MkⅢ	34

第2部　　デイヴィド・ブラウン時代：第2世代

7	アストン・マーティン DB4	42
8	ラゴンダ・ラピド	60
9	アストン・マーティン DB4GT	64
10	アストン・マーティン DB5	76
11	アストン・マーティン DB6	84

第3部　　デイヴィド・ブラウン時代：第3世代

12	アストン・マーティン DBS	92
13	アストン・マーティン DBSV8	96

第4部　　デイヴィド・ブラウン以降の時代

14	アストン・マーティン AMV8	100
15	アストン・マーティン AMヴァンティッジ	106
16	アストン・マーティン・ラゴンダ	110
17	V8 サルーンの進化	114
18	アストン・マーティン・ニムロッド	118
19	V8 ヴァンティッジ、ヴォランテ	120
20	アストン・マーティン V8ザガート	124
21	アストン・マーティン・ヴィラージュ	130
22	アストン・マーティン DB7	138
23	アストン・マーティン Vカー	156
24	アストン・マーティン DB9	168

謝辞	172
索引	173

序文

イギリス人のフェラーリ——1950年代から60年代のイギリスを代表する自動車ライター、ジョン・ボルスターはまだスピード制限のない公道で新車をテストし、アストン・マーティンをこう形容した。だが私はその意見にはとうてい賛同することはできない。

フェラーリはイタリア人でなければ造れない。ヴェルディやプッチーニ、ヴィヴァルディがイタリアであるのと同じ意味で、フェラーリはイタリアそのものだからである。一方、「威風堂々」を書いたイギリスの作曲家エドワード・エルガーが、またローマ帝国と戦った古代の女王ボアディケアがイギリスの象徴であるように、アストン・マーティンもまたイギリス以外では生まれ得ない、生粋の英国車だからである。

アストン・マーティンは時代を通じてザガート・ボディを架装した珠玉のモデルを創出した。いわばイギリスが生んだ偉大なボクサー、ヘンリー・クーパーがアルマーニを着たようなものだが、その精神と成り立ちはイギリスに他ならない。

私にとってアストン・マーティンは常に望ましい車を造ってきた。最初にそのシートに座ったのは、14歳の感受性の強い頃のことである。兄と私は、住んでいた村の近くにミスター・ゴールドストーンという賢者がいることを知った。後に分かったことだが、ゴールドストーン氏はアストン・マーティン・オーナーズクラブの地元を代表するメンバーだった。クラブはたいへん愉快で私も長じて会員になった。

ゴールドストーンは、私の村では金を意味するオーリックと呼ばれ、良き時代を知っている人なのだろうと子供心に思ったものだ。彼はサマセットシャーのブラッドフォード・オン・トーン村で、小さな自動車修理工場とガソリンスタンドを営んでいた。敷地の裏手には、ボロボロのアストン・マーティンがたいてい2、3台置いてあった。子どもというのは鋭い質問をするものだが、私も彼に「スピードはどのくらい出るんですか」と尋ねた。彼が「きみはどのくらい速く走りたいのかい」と返してきたので、私はひるんだ。自分でも分からなかったのだ。「ではエンジンはどのくらい保つんですか」と聞いた(その頃私の父はローバーP4に乗っており、私にとっては残念なことに、永久に走り続けそうな丈夫な車だった)。この質問は相手の痛いところを突いたはずだ。果たしてゴールドストーンの返事は最初の質問と同じだった。なんと本質を正しく理解した人物だったことか。

必要なものしかついてないんだな。彼の修理工場に置いてあったアストン・マーティンを見て最初に感じたことだ。1台はライトブルーのDB MkⅢだった(名前は後で知った)。シートが薄っぺらで、とても快適には見えなかったが、座ってみると実は心地好かった。当時では特に古い車というわけではなかったが、色のあせた塗装や、いかにも華奢に見えるボディが印象に残っている。物心ついた頃から、鉄の塊でできたかのようなローバーを見ていたのだから、そう思うのも当然かも知れない。ゴールドストーンの工場にあった車はどれも辛い生活を送ってきたものばかりで、戸外に置かれ、若干異臭を放っていた。かつての偉大な車というより、ひどい扱いをじっと耐えてきたマスチフ犬という風情だった。どれもおしなべて400ポンドといった値が付いていたように記憶している。1960年代では大金だ。子供にとってはなおさらだ。

そこらを一走りしようと、ミスター・ゴールドストーンが声をかけてくれた。私たちはどう見ても買いそうな客ではないが、そんなことはどうでもいいとばかり走り出した。彼は腕達者なドライバーだった。前席に乗った兄が右手でグリップハンドルをしっかり握りしめ(そういうものを見たのはその時が初めてだった)、私はといえば粗末なリアシートに押し込まれ、頭を天井に押しつけて身体を支えた。そして、数マイルのドライブの後、私は何の用心もなく餌に食らいついたナマズのごとく釣り上げられていた。

今これを書いている私は43歳になった。私がアストン・マーティンのオーナーになりたいと思った理由はひとつ、こういう車を生んだ、きわめて希有な歴史を共有したいと思ったからだ。アストンはいわばダンケルクやロークドリフトといったイギリスの史跡のようなものなのだ。

どのアストンとも幸せに過ごしたとは言わない。その間、他の車も多すぎるくらいたくさん所有したが、たいていはすぐに飽きてしまった。だがアストン・マーティンに飽きることはない。私はアストンのファンだが、決して無批判に受け入れているわけではない。むしろ次から次へとアストンの餌食になっていて、なおそのことを誇りに感じているのだ。

アストンを所有して強く思うのは、たとえどんな欠点があろうと、どのアストンに触れても、そのモデルが何を目指して造られたのかが、明快に伝わってくることだ。これは今時の自動車では稀である。概して自動車メーカーはそういうメッセージを伝える車造りをやめてしまったようだ。

本書で述べるアストン・マーティンに対する評価は個人的なもので、読者の心に刻んで欲しいなどというつもりは毛頭ない。ただ、ここに込めた情報なり見解が、アストンを深く愛する人(私もその一人だ)はもとより、格別の意見はないけれども情報は欲しいという人の心の琴線に触れれば嬉しいと思う。

本書で私がどうアストン・マーティンを語ろうとも、一部のモデルに対して斜に構えて記そうとも、基調としてあるのは、この車は手放しで魅力的だという気持ちである。私にはコメントするくらいの権利はあるだろう、そんな気がしている。

ロバート・エドワーズ
1999年
イースト・サセックス、
ディッチリングにて

2004年第2版　序文

　本書の初版が1999年に刊行されて以来、アストン・マーティン社が急速な発展を遂げたことはだれの目にも明らかだ。自動車専門誌を定期的に読まれている方はご存じだろう。その発展のきっかけとなった大きな資本参加の陰で、本書の冒頭で描いた企業としてのアストン・マーティンの過去と現在との間には、本質的な繋がりはなくなってしまった。しかし99年にV12を搭載したワンオフとして製作されたヴァンキッシュが映画007で最初に登場した後、現物として路上に降り立った姿を見て、まず感じたのは美しさというより、むしろ控えめな佇まいだった。

　2004年改訂版では時代に追いつくようモデルを辿った。まずはヴァンキッシュ、大きな意味を持ったDB7の最終型、限定生産のザガート、そしてDB9。DB9を前にして、多くのモータージャーナリストは驚愕の息を飲んだものだ。それほど強烈な印象の車であり、モデナとシュトットガルトの製品を根本的に見直すきっかけにもなったと思われる。DB9をもって、アストン・マーティンは世界的に認められた一流の自動車メーカーに躍り出た。かつて時にそう奉られて居心地の悪い思いをしたこともある地位である。

　1999年版の序文で、アストン・マーティンを好む理由は、とりわけ設計意図が明確である点だと書いた。同社が地上最速の車を試みた経緯は一度もない（初期のAMV8はそれにごく近い車だったが）。むしろ彼らが車を造るうえで念頭に置いているのは、動力性能、ハンドリング、快適性、安全性などをトータルした最良のパッケージングである。アストン・マーティンの本社は現代的な社屋のゲイドンへ移転したが、目と鼻の先にあるランドローバーとの違いを両社の建物が端的に表している。場所が変わってもアストンの車造りの最優先項目は、トータルバランスであることに変わりはない。

　アストン・マーティンはエンブレムだけ変えたジャガーになってしまうのかという声もあったが、幸いにもそれは杞憂に終わった。むしろ最近のプロジェクトを見ると、コンピューターが弾きだした数値だけを頼りにする体質から脱却していることが見て取れる。たとえるなら1950年代、あり合わせの紙の裏にざっと計算した数値をもとに車造りをしたような方法だ。アストンにこそその発想が必要なのだ。もしヴィラージュをあのまま造っていたら、景気後退がなくてもアストンの命取りになり、会社は跡形もなく消滅していただろう。言いにくいが、ヴィラージュはアストンらしい車ではなかった。胸を張ってあの車を製造するメーカーはこの世にいくらでもあるだろうが、私たちアストン愛好家にとっては中途半端で、グランドツアラーを標榜する割にスポーティではなく、さりとて"グランド"でもなかった。このジレンマをフォードが資金力で解決し、素晴らしい車に変貌させたのである。

　どんなごちそうをテーブルに並べても喜ばない人がいるように、愛好家の中には必ず頑固者がいるもので、彼らはDB7とその派生型を、温め直したジャガーに過ぎないと言って聞く耳を持たない。ある程度はその言い分も正しいが、もっと大切なことがある。車としての出来を言うなら、DB7はどのXJSよりも一枚上手だ。とりわけV12搭載モデルはXK8をはるかに凌駕する。人の受け取り方はどうあれ、アストンに相応しい"もてなし"を受けて生まれた車だ。

　1999年版が出版されて以降、アストン・マーティン、そして本書の編纂に携わった方々の訃報に接し、その数の多さに寂しい思いを禁じ得ない。ウォルター・ヘイズ、ヴィクター・ゴーントレット、ロジャー・ストーワーズ、ヴィック・バスが冥界へと旅立った。2004年版を亡き人々に捧げる。

　ファクトリーはその規模を拡大し、業務の主軸をゲイドンの本社に移行した。それでもアストンの人々からは以前とまったく変わらぬ親身な協力を賜った。私がうるさくつきまとったのは、スムーズな業務移転が最優先の時期だっただけに、その寛容さがことさら身にしみた。ティム・ワトソン、ピーター・パナリシ、クリス・ドゥ・ヴァランセイ、そして忘れてならないバーバラ・プリンス（前回に引き続き今回も）にはお名前を記して感謝申し上げる。

　本文を読まれた読者はお気づきのように、私はアストン・マーティンの新しいモデルについては、手をオイルだらけにしていじったり、修理を手掛けたことはない。やるとしてもだいぶ先になりそうだ。なぜなら新世代アストンには、私が親しんでいる旧世代では考えられない信頼性が備わったからだ。優に10ℓ以上入るオーバーキャパシティのサンプを相手に、オイル交換に没頭することは当分なさそうだ。

　私が古い車に興味を持つようになったのは、新車を買う余裕がなかったからで、やがてこの世界でしか味わえない楽しさを発見した。想像するに、21世紀に生まれたアストン・マーティンを20年後レストアする作業は、現代の路上でDB4を走らせるのとはまったく別の作業になるだろう。仮にレストアという作業がこれから先も可能で、必要とされるならの話だが、私がそうしたように、どなたかがレストアに取り組んでいただけたなら嬉しい。ゲイドンの生産ラインにはロボットが備わる時代となったが、今なおアストン・マーティンは"人の手"が組み上げている。私が初めて自分のものにしたDB4がニューポート・パグネルの中庭に押し出された時と、まったく変わらぬ慈しみと愛情を込めて。

　1999年版を書き上げてペンを置いて以降、アストン・マーティン再興に当たって膨大な作業が敢行された。しかるにこの僅かなページはその成果をつまびらかに記すにはあまりに足りない。この点は心よりお詫びするばかりである。

ロバート・エドワーズ
2004年
ウェスト・サセックスにて

ASTON MARTIN

Aston Martin
introduction
序章：デイヴィド・ブラウン前史

　企業合併に困難はつきものだ。まして当事者である企業が、自分の行く末を自ら決められない状態なら、すんなり行くはずがない。例にもれずアストン・マーティンもラゴンダも財政的に浮き沈みの激しい歴史をたどっている。

　第二次大戦後、この2社の買収をデイヴィド・ブラウンが比較的容易に進めることがきたのは、両社が財政的に進退窮まっていたからである。ブラウンはイギリス中部、マンチェスターに近いハッダーズフィールド出身で、産業用ギアメーカーの経営者であった。ブラウンが買い取り交渉に乗り出したとき、すでに両社の売値は底をついており、数カ月先には破産を免れない状況にあったから、彼は厳しい価格交渉もせず、1948年初旬までに総額7万2500ポンドで2社の買収を完了することができた。

　ロンドンの郊外、フェルタムに本拠を置くアストン・マーティンには、将来有望なプロトタイプ、アトムがあった。設計にあたったのは有能なエンジニア、クロード・ヒルである。一方、フェルタムに程近いステインズに本拠を置くラゴンダも、やはり将来性豊かなエンジンを製造していた。ラゴンダではこれを重厚な高級車に搭載していたが、他の使い道も考えられそうだった。このエンジンは、W.O.ベントレーの指揮下、ウィリー・ワトソン技師が設計したもので、ラゴンダ・ベントレー6気筒を意味する"LB6"と呼ばれていた。2.3ℓ用として設計されたが、実際に走行する前に、2.6ℓDOHC直列6気筒に発展していく。

戦前のスポーツ・アストン・マーティン。ロング・シャシーの1½ℓ MkⅡで、1934年から5年にかけて製作された。エンジンは4気筒OHC、1495cc。

ラゴンダ

ラゴンダは丁寧な造りのグランドツアラーと頑丈なスポーツカーの2種を中心モデルとしていた。強力なメドウズ製エンジンを搭載するのが看板モデルの4½ℓで、フォーマルなサルーンボディと軽快なボディの2種が架装された。かつてのベントレー・モーターズなきあと、この4½ℓラゴンダは戦後の裕福なモータリストにとってひとつの理想となっていた。今日の目にはいささかデリカシーに欠けるようにも映るが、確かに胸のすく豪快な車である。

対照的に1100ccの4気筒のDOHCエンジンを搭載したレイピアは宝石のような車だ。ラゴンダのステータスを落とすことなく、幅広い層にアピールしようとした重要モデルである。ラゴンダの創業者であるウィルバー・ガンは、レイピアが発表になった1933年には、すでにこの世にはいなかったが、存命中にレイピアが生まれていたなら、この車をこよなく愛したに違いない。

ウィルバー・ガンは、アメリカはオハイオ州ラゴンダ・クリーク出身で、1906年にラゴンダ社を設立し、1922年に他界するまで同社を取り仕切った。彼が舵取りを行っていた頃のラゴンダは、趣味が良く、造りが丁寧な優れた車を製造しており、世界中で好調な販売を維持していた。しかしガンが亡くなると、ラゴンダはベントレーのような高級車造りへと進路を変えていく。そのベントレーは、1929年に世界経済大恐慌が勃発するとたちまちその餌食となり、1931年、待ちかまえていたロールス・ロイスの手中に墜ちていった。続いて1935年6月、ラゴンダ・モーターズもベントレーと同様に経営難になると、W.O.ベントレーを手中に収めたロールス・ロイスが、ブランドバリューを含めたラゴンダの資産に触手を伸ばしたのは当然の成り行きだった。

経済大恐慌がもたらした影響は甚大で、もはや、ベントレーとラゴンダという高級車2メーカーが並び立つほどの需要はなくなり、1社でも存続できる状況ではなかった。しかし、株式市場暴落の嵐が落ち着くと、いくらか回復基調も見えてきた。アラン・グッドが率いる企業連合体がラゴンダに、ロールス・ロイスより高い値を提示したのは幸いだった。

入札が始まったのは1935年6月18日火曜日だが、その2日前の16日日曜日には、ラゴンダ4½ℓがルマン24時間レースで優勝。アストン・マーティンは3位に食い込み、性能指数賞を獲得したというのは歴史の皮肉だろう。性能指数賞とは主催者の西部自動車クラブ(ACO)が、小排気量ば

Cタイプは戦前の2ℓスピード・モデルをベースに、一部に流線型を取り入れたボディを架装して見た目を新しくしようとしたモデル。

ASTON MARTIN

ベントレー設計のラゴンダ。アストンDB2シリーズのエンジンは、もともとこの車に搭載されていた。写真は3ℓのドロップヘッド・クーペ。

かりの自国フランス車にも賞が獲れるようにと設定した賞だった。

ラゴンダ再興にあたって、小型で魅力的なレイピアは生産中止に追い込まれた。もっとも愛好家有志が集まってレイピア・モーターズ・リミテッドが結成され、在庫部品を使ってしばらくの間は新車が製造され続けたのだが。一方、ステインズのLGモーターズ(ラゴンダ/グッド)は、エンジン排気量、出力、ステータスのどれもが上級を志向した戦略計画を立て、必

然的に借入金の額も増えていった。

しばらくの間ラゴンダ再興は順調に推移し、1937年後半にはウォルター・ベントレー設計の4½ℓV12エンジンが生産化され、ひとつの頂点を極めた。これでベントレーは再びロールス・ロイスと相まみえることになった。ラゴンダV12対ファンタムⅢの対決だ。ラゴンダV12はパッカードV12には一歩及ばなかったかもしれないが、RRと肩を並べる秀逸なエンジンだった。このV12は、ラゴンダとウォルタ

8

ー・ベントレーが持てる技術の粋を集めて製作した。

1939年、第二次大戦が勃発すると、ラゴンダ社は、砲車、石油発動機、発電機、コンプレッサー、航空機エンジン部品、軍用照準器などを、自社と傍系企業で製造にあたり、軍需に後押しされて大幅に企業規模を拡充した。ところが戦火が止むと事態は一転、広大な余剰スペースと固定費が資本を食い潰していった。原材料である鉄鋼の不足と、配給制度も足を引っ張ることになった。

アストン・マーティン

一方、アストン・マーティンはラゴンダとは対象的に、それまで2ℓ、4気筒を超える大型エンジンを製造した経験はまったくなかった。創業以来、小さなエンジンでハンドリングに優れ、効率の高いスポーツカー造りを目指してきた。オーナーさえその気になれば、レースにも出場できるスポーツカーだ。実際、レースでの成績も良く、参加したクラスでは無敵を誇った時期もあった。丁寧な品質こそアストン・マーティンの真骨頂であった。ただしそれゆえに、製品はほとんど利益をもたらさなかったのだが。

アストン・マーティンの歴史は、1913年創業のバムフォード・アンド・マーティン・リミテッドに始まる。1905年、ロバート・バムフォードとライオネル・マーティンの2人は、サイクリングクラブのメンバーとして知り合った。フラムで自動車販売を始め、シンガーのエンジンを搭載した車のチューニングで定評を得るようになった。2人はウェスト・ケンジントンに場所を移し、最初の車を製作した。コヴェントリー・シンプレックスのエンジンと、1908年製イソッタ・フラスキーニのシャシーを使ったスペシャルで、アストン・マーティンと命名した。アストンの由来は、イングランド南東部に広がる丘陵地帯、チルタンヒルズのアストン・クリントン近くで繰り広げられた有名なヒルクライムにちなんだ命名であった。

しかし2人のパートナーシップは長くは続かず、1922年にマーティンがバムフォードの持ち株を買い上げて独立することになったが、資金は常に逼迫しており、ルイス・ズボロウスキー伯爵が注入する資金だけが頼りだった。1924年まではライオネル・マーティンも私財を投げ打って支えたが、いつまでも続くはずはない。その年、頼みの綱であったズボロウスキー伯爵がレース中の事故で死亡すると、ついに第三者による新たな資金調達が必要となった。救いの手をさしのべたのはジョン・ベンソン、後のチャーンウッド卿だった。だがチャーンウッド卿とマーティンは意見の相違から訣別。会社は管財人の管理下に置かれたのち、チャーンウッド家が管理することとなる。

1926年10月には、チャーンウッド家が所有する経営権が、バーミンガムに設立されて間もない工学技術会社レンウィック・アンド・ベルテッリ社に売却された。売却価格は4000ポンド、役員として残留するベンソンの報酬込みの数字だった。レンウィック・アンド・ベルテッリはOHCエンジンを開発しており、これを自動車メーカー向けに販売していた。

それまでのアストン・マーティンは、ライオネル・マーティンが選んだサイドバルブ・エンジンを搭載していたが、ベルテッリ社のOHCエンジンを採用しない手はない。アストン・マーティンに新境地を拓くべく採用されたこのOHCエンジンは、あらゆる点で従来のサイドバルブより優れており、信頼性も高かった。さらに、バーミンガムからロンドンに近い場所に移転することも決まり、フェルタムのヴィクトリア・ロードに手頃な工場が見つかると、レンウィック・アンド・ベルテッリはここを買い上げ、同時に有能な製図工であるクロード・ヒルという若者を雇い入れた。ベルテッリはアウグストゥスとハリーの2人兄弟で、ハリーもこの段階で参画。工場の隣にささやかなボディ工場を建てた。ここから素晴らしいスタイルを続々と生みだすことになる。

ところがレンウィック・アンド・ベルテッリは約1年後に内部崩壊、アストン・マーティンはまたもや窮地に立たされた。今回も複数の投資家が厳しい状況の中から資産を捻出したが、1929年、ウォール街に端を発した世界経済大恐慌による不況により復興は困難を極めた。しかも最大の投資家の子息として乗り込んできたゴードン・サザーランドという男は、ベルテッリにとって共に働くには耐え難い人物だった。もとよりベルテッリは新会社に投資はしていなかった。結局、両者は、企業として最優先すべきは利潤であるとの結論に落ち着いた。ベルテッリは1936年辞職、レンウィック・アンド・ベルテッリ社はサザーランド家の管理下に置かれることになった。

ベルテッリを失ったアストン・マーティン・リミテッドはスペシャリストとしての方向性を見失った。だが、ベルテッリが開発した1½ℓはレースで光る物を見せ、財政面での困窮状態を抱えつつ、しかも自動車産業全体が景気後退で大打撃を被るなか、アストン・マーティン・ブランドは有力なスペシャリストメーカーとしての地歩を固めていった。そんななか、時代は第二次大戦に突入していった。

戦時中のアストン・マーティンは、工作機械と、ブルックランズのヴィッカース航空機の操縦桿部品の製造にあたった。砲声が日増しに激しさを加えるこの頃、まだ町工場然としたアストンでは、僅かな資金を元にクロード・ヒルが仕事の合間を縫って、最愛のサルーン、アトムの開発を進めていた。

一方、目と鼻の先のステインズのラゴンダでは、ワトソンとベントレーが"LB6"エンジンの最終仕上げに余念がなかった。しかしこのエンジンは、後にヒルをアストン辞職に追い込むことになる。

ブラウンによる2社の買収

デイヴィド・ブラウンは、まずアストン・マーティンを買収した。その経緯はブラウンが同社を捜し当てたのではない。サザーランド家が「売りたし」の広告を『タイムズ』紙に掲載したのだ。1946年の冬、ブラウンはフェルタムへ視察に赴き、数日そこでアトムを操縦しながら、買収した場合の旨みを吟味した。1947年2月、提示価格3万ポンドに対して2万500ポンドでサザーランド家からアストンを買収した。ブラウンがアストンの買収に踏み切った決め手はアトムだった。ブラウンはアトムについて、小排気量の4気筒エンジンは少しばかりパンチが足りないが、ハンドリング

サー・デイヴィド・ブラウン

サー・デイヴィド・ブラウン（初代デイヴィド・ブラウン）が鋳物の金型製造業を興したのは1860年のことだった。やがて鋳造歯車の金型製造が同社の得意分野となり、これが発展して設計、製造分野にまで業種を広げた。1873年には、繊維産業と重工業向けのスパー、スキュー、ベベル、およびエキセントリックという各種ギアを製造していた。製品はすべて鋳鉄製だったが、1898年にはマシーンカットの歯車製造界でイギリス屈指の企業となり、これが業務の大半を占めるようになる。

デイヴィド・ブラウンは、アーネスト、パーシー、フランクという3人の息子に恵まれた。1903年にデイヴィドが他界すると、パーシーが同社社長、フランクが専務取締役に収まった。長男のアーネストは自らの意志で製造現場に留まることを選んだ。第一次大戦中は、軍艦用エンジン出力伝達装置、大砲の射角調整装置のほか、さまざまな種類の兵器を製造し、会社は急速に力をつけていった。1921年にはウォームギアの製造では世界一のメーカーへと成長する。

1931年、パーシー・ブラウンが他界すると、フランクが社長の座を継いだ。そのフランクにはデイヴィドという息子がいた。1910年生まれのデイヴィドは、時を経て取締役に昇進、会社は世界大恐慌の苦しい時期にも自力をつけていき、1936年にはハリー・ファーガソンと提携してトラクター製造に乗り出した。同年、ブルドーザーと戦車の両方に応用できる、メリット-ブラウン式無限軌道用動力伝達方式の特許を取得した。同社にとって願ってもないタイミングで、1939年に第二次大戦が勃発した。戦争が始まる前から軍需省より達しがあり、イギリスの主要メーカー全社と連携をとって、軍用車両のトランスミッションを製造、調達するよう委託されていたのだ。

アストン・マーティンとラゴンダの買収はデイヴィド・ブラウン個人の判断で行ったのだが、DB産業グループは同族会社だったので、これは純粋に会計帳簿上の区分けに過ぎない。1951年、ハッダーズフィールドのパーク工場にて自動車用ギア製造部門が立ち上がった。同部門はアストン・マーティン・ラゴンダに留まらず、広くヨーロッパの自動車メーカーに製品を納入するようになり、デイヴィド・ブラウン・グループ伝来の技術は業界から定評を得るようになった。特にトランスミッションの分野では、大はドレッドノート級（超弩級）戦艦用の、12万軸馬力を自在に制御する減速ギアから、小は200bhpのレーシングカーや市販車用ギアボックスまで製造する万能メーカーとして高い評価を固めた。しかし世評とは裏腹に、DBRレーシングカーの一部に搭載されたブラウン自製のトランスアクスルが決まってアキレス腱となったのは皮肉な話である。

1972年、アストン・マーティンがカンパニー・デヴェロップメンツ社に売却されたのと時を同じくして、トラクター部門がテネコ社に売却整理された。そのテネコは後にJIケース社の子会社となる。デイヴィド・ブラウンは、イギリスで最も成功した専門分野に特化したエンジニアリング企業の盟主というよりも、トラクター製造で名を上げた人物として歴史に名を残している。

1960年代、イギリスの税率が際限なく上昇するのに愛想を尽かしたブラウンは、納税を逃れてモンテ・カルロに移住した。1990年には、関連子会社の経営陣により自社株を買い占められ、経営権を失う苦渋を飲まされる。資金の出所はあるベンチャーキャピタルだった。1993年、同グループの株はロンドン証券取引所に流れ、133年におよぶ同社の歴史のなかで初めて株式が公開された。サー・デイヴィド・ブラウンはそれを見収めるようにこの年、他界した。

は言うことがないとの印象を持った。
　買収当初、ブラウンはアストンの経営にほとんど口を出さなかった。本業のデイヴィド・ブラウン・リミテッドの産業用ギアとトラクター部門の再建に忙しく、新しいおもちゃに関わる暇などなかったのだ。ブラウンもまた、次の引き継ぎ手が現われるまでの短い間、社主の座に納まった人物の一人として歴史に埋もれてしまっても不思議ではない状況だった。
　ブラウンはウェスト・ヨークシャー州のブラッドフォードでラゴンダの代理店を営んでいる友人のアンソニー・スカッチャードをたびたび訪ねた。戦争が終わるとすぐ苦しくなったラゴンダの経営は、販売店にとっても問題だった。スカッチャードは、ラゴンダは工場を畳むようだ、買い時だぞとブラウンをせき立てた。同じラゴンダでも、軍需景気に煽られて拡充した定置エンジンやコンプレッサー部門は、本体から独立してアラン・グッドが経営を続投する。どうやらグッドは自動車への興味を失ったようだと。かつてラゴンダの中核として華やかな製品を送り出していた自動車部門だけが後に残った。資金も資材もリーダーまで失い、ラゴンダの崩壊は目前だった。だが、落ちぶれたとはいえ、ラゴンダの価値はきわめて高かった。
　デイヴィド・ブラウンは、ラゴンダ担当の管財人と昵懇の仲で、早くも3社から入札の手が上がっていることを偶然に知った。その3社とはジャガー、ルーツ、アームストロング・シドレーで、最高値は25万ポンドを指していた。ブラウンはそんな価値があるとは考えていなかった。企業がひとたび管財人の手に落ちてしまったら、売る方は時間との勝負、手早く売りさばくのが絶対条件だ。最初の売値はあくまで名目に過ぎず、買い手がつくまで値を下げていく。
　1948年、時の労働党蔵相、スタッフォード・クリップスが打ち出した新政策がブラウンにとって幸いとなり、ラゴンダの債務者にとっては災いとなることとなった。政策は今後、イギリスの製造業を大々的に国有化していく方針を鮮明に謳っていた。これを見た3社は一夜にして入札を取り消した。国有企業となれば、国の名義で土地を供与されるメリットはあるかもしれないが、もはやこの一件に多額を投じる私企業はなくなった。第一に、産業界よりはるかに深刻な痛手を被っていた当時の政府はまったく機能していなかった。第二に、新政策によれば、せっかく企業が利益をもたらしても、政府雇いの都市計画立案グループに吸い上げられてしまう様相だった。
　ラゴンダの管財人は巧妙に立ち回り、たとえ労働党政権下であっても不動産の国有化はできないと申し立てた。ラゴンダ社の不動産は他の資産と切り離され、再開発予定地として売りに出された。こうして残った不動産以外の資産とブランドバリューには、なんの価値もなかった。ラゴンダ社は競売に付される前から自動車の生産を止めていたのだ。管財人は自ら進んでラゴンダを地元のお荷物に成り下げてしまった。引き取り手の範囲はぐっと狭まり、手を挙げそうなのは1社だけになった。
　ブラウンは招かれて、再度管財人の許を訪れた。管財人は苦しい立場に追い込まれていた。競売の相手として新規に現われたのは1社のみで、工場抜きなら限度額5万ポンドと指し値を提示しているという。これは買い得感のある数字に思えた。ブラウンは如才なく5万2500ポンドを提示して落札した。こうしてラゴンダ社の顧客リスト、生産設備一式、その他の残存資産、ラゴンダのブランド使用権がデイヴィド・ブラウンのものとなった。手回しよく、すぐ近くに手頃な敷地を確保していたから工場施設は必要なかった。こうしてアストン・マーティン・ラゴンダ社が誕生した。ただしこの社名で業務が稼働するのは少し先のこととなる。

DBシリーズの祖、2ℓの誕生

　合併後、すぐさま企業カルチャーの違いから起こる問題が浮き彫りになったが、当初、ブラウンはなにも手を打たなかった。同業2社が一緒になったことで職を失う社員が出たが、これは避けようもない。これまでごく僅かな資金で作業を続けてきたクロード・ヒルとしては、今回の買収によりエンジンにそれなりの投資がなされるものと期待していた。アトムを製作したヒルはボディデザイナーではなく技術屋だ。一方、ラゴンダからやってきたフランク・フィーレイは生粋のスタイリストだった。アトムはカバーを掛けられ、用のなくなった試作車として工場の片隅に追いやられてしまい、ニューモデル製作の作業が始まった。フィーレイは実のところ、ラゴンダが買収された時期、仕事にあぶれていた。ウォルター・ベントレー同様、先行きが不確かな時代の犠牲者である。ブラウンはそのフィーレイを呼び戻した。
　ニューモデルはヒルの設計によるシャシーとエンジンをベースとしていたが、フィーレイがデザインした魅力的なドロップヘッドのボディが架装された。わずか11カ月の間に大雑把なデザインスケッチから製作まで漕ぎ着けた急ごしらえのボディだったが、戦前型ラゴンダ特有のデザインが色濃く表れていた。ラゴンダの新型は従来モデルのデザインを引き継ぐのを常としていたが、今回のニューモデルは戦前ラゴンダの復刻版という方が相応しかった。しかしモデル名はアストン・マーティン2ℓであった。この名称は、1950年にDB2が発表された際、遡ってDB1に改まった。言うまでもなくDBとはデイヴィド・ブラウンの頭文字だ。
　アストン・マーティン2ℓは非常に美しい車だった。長く後ろに尾を引いたフェンダーは、戦前にフィーレイが得意とした手法だ。ラゴンダ社の主力であったグランドツアラーのプロポーションを再現するため、ボンネットはエンジンが必要とするよりずっと長くとられた。トランクリッドと、そこから独立したリアフェンダーによって成立するリアエンドは、不朽の名作ラピドのアイディアを移植したようだ。
　"2ℓ"は、確かに視覚上のインパクトが強烈な、フィーレイの重要なデザインテーマを寄せ集めたものだ。今日このデザインを眺めると、どの部分も以前どこかで見たような気分になるのは、その後登場したサンビーム・タルボット・アルパインなど、フィーレイのデザインの影響がはっきり表れた一連のルーツ・グループ製品のためだろう。

ASTON MARTIN

Aston Martin DB1

第1部 デイヴィド・ブラウン時代：第1世代
アストン・マーティンDB1

1948年9月から1950年5月まで生産されたアストン・マーティン2ℓスポーツは、その後継モデルとしてDB2が発表になったとき、遡ってDB1と呼ばれるようになった。

DB1は、ブラウンが買収した2社の持つ技術を互いに補う形で活かし、手早くひとつにまとめたものだといえる。シャシーは、クロード・ヒルがアストン・マーティン時代にアトム用として設計したロングバージョンを流用している。ずんぐりとしたボディを持つアトムではリアサスペンションが半楕円リーフであったのに対し、DB1ではコイルスプリングを採用しているのが相違点だ。9フィート（2.74m）のホイールベースは、歴代アストン・マーティンのなかで最も長い（ただしラゴンダにはもっと長いモデルもある）。

元ラゴンダのフランク・フィーレイが、この車を楽しんでデザインしたことは明らかだ。一気に仕上げた感じで、得意なデザインの特徴を出し切っている。ラゴンダにはスタイリングの決まり事があったが、そのくびきから解放されて本来のデザインテーマに立ち戻った。このテーマを自分のものにしたからこそ、フィーレイは戦前のスタイリストのなかでも抜きんでた存在になった。

DB1のデザインは非常にマスの大きいフェンダーが後方に流れ、ボンネットは長く延び、エンジンベイにはラゴンダV12が収まっているに違いないと思わせる外観だ。しかし搭載されていたのは4気筒OHV 1970cc、クロード・ヒル設計のエンジンだ。もっとも7.25：1の圧縮比から90bhpを発揮したから立派なものだ。広いエンジンベイには、もっと大きなパワーユニットを収める余裕があることはヒル当人も百も承知していた。しかしブラウンがLB6エンジンをどう使うつもりなのか、この時のヒルには知るよしもなかった。

DB1の生産台数はわずか14台に過ぎず、そのうち13台がドロップヘッドである。

DB1のボディをデザインしたのはフランク・フィーレイ。エレガントな外観に似合わず、活発な車だ。

12

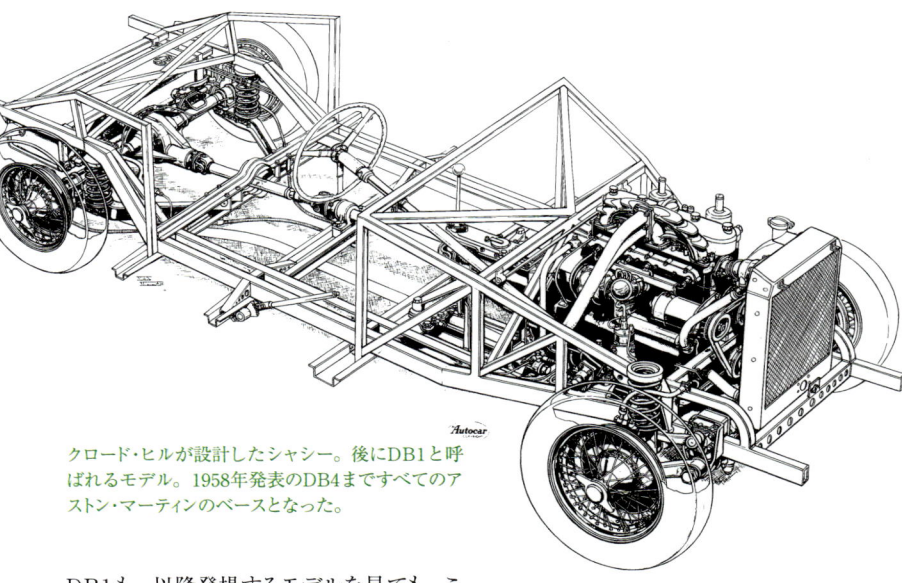

1. ASTON MARTIN DB1

クロード・ヒルが設計したシャシー。後にDB1と呼ばれるモデル。1958年発表のDB4まですべてのアストン・マーティンのベースとなった。

DB1も、以降登場するモデルを見ても、このシャシー設計の優秀さは明らかだ。なぜラゴンダもこのシャシーを採用しなかったのだろう。ラゴンダは強度計算が不十分なX形フレームにボディを架装したが、大量生産するためにはシャシーに大々的な補強を施さなければならなかった。おそらくW.O.ベントレーの意見が通ったからなのだろう。しかし世界的視野に立っても、その当時、ヒルのシャシーが屈指の出来だったことは疑う余地がない。仮の話だが、アトム用のシャシーに小さな修正を加えてラゴンダに応用していれば、軽量に仕上がり、最高速も伸びただろう。

ただしこのシャシーのメリットを活かすにはクローズドボディを架装することが条件だった。DB1はルーフを取り去ったためにシャシー本来の優秀さを活かしきれなかったばかりか、みすみす脆弱なシャシーにしてしまったのである。DB1の次期モデルであるDB2がクローズドボディなのはこれが理由のひとつだ。またクーペボディは車重の軽減に成功した。

DB1とモータースポーツ

クロード・ヒル設計のシャシーとエンジンにとって初めてのレースは、1948年7月のスパ24時間である。同社開発エンジニアのセントジョン・ホースフォールがベアシャシーの状態で広範囲なテストを敢行し、大急ぎでボディを架装したレースカーはスパへと送り出された。ホースフォール／レスリー・ジョンソン組により、初出場ながら周囲の予想に反して総合優勝をさらう見事なレースデビューを飾った。ヒルが大喜びしたのは言うまでもない。実用車の改造型が不可能を可能にしたことで、さらなる強化版をというヒルの夢はふくらんだ。

量産されることはなかったが、後に"スパ・スペシャル"と呼ばれることになるDB1の強化型は、1948年のロンドン・モーターショーで生産型の横に置かれ、注目を集めた。隣の生産型の価格は3000ポンドと高価だったので当然、飛ぶように売れなかったが、しかしレースでの勝利はスポーツカーにとって値のつけようもない広告効果がある。スパはアストン・マーティンにとって完勝を収めた初の24時間レースとなった。むろん、戦前からルマンではクラス優勝の栄誉に輝いていたが、総合優勝はこれが初めてだった。ヒルのエンジンは確かな血統を引き継いでいた。

DB1のドライビング

私はクロード・ヒルのエンジンをオリジナルの専用シャシーに搭載した車をテストするという得難いチャンスに恵まれたことがある。このシャシーの素晴らしさはいろいろ聞かされていたが、全部を鵜呑みにしていたわけでない。だが、そんな疑いは走り出したとたん吹き飛んでしまった。テストした路面は平らではなく、一定のスカットルシェイクが認められた。しかし車の足さばきは確かで、敏捷ですらある。ボディスタイルからこの車の価値を見定めることはできないが、高速ツアラーとして洗練の極みに達している。もっとも新車時のDB1が法外な価格だったのを思うと、このくらい良くて当然なのかもしれない。

ヒルの設計によるエンジンはとても気持ちよい。スロットルに対するレスポンスは一級で、踏めばすっと回転が上がり、離せばさっと落ち、フライホイールのイナーシャが小さいことが感じられる。ただエグゾーストマニフォールドの"オールバック"みたいな見た目は、いささか奇妙ではあるが。

エンジンの出力が強力なのは間違いなく、嬉々として回る。ギアボックスも私が試した範囲では、ミスシフトの気遣いは無用だ。新車当時に手に入るガソリンの質ではこの性能は引き出せなかったはずだから、こんなに速かったわけではないだろう。ステアリングは強いて言えばやや軽すぎ、直進時、中立付近に曖昧な部分がある。細いタイアを履いているのにこの点は助けになっていない。

高回転を維持し、3速と4速を使い分けて高いスピードを保ちつつ走り抜ける時がこの車が最良の面を発揮する場面だろう。エンジン回転が3000rpmを少し超えたあたりだ。最終減速比が4.10と全体にややローギアードだが、この車が生まれた時代背景を考慮に入れれば一概にそうとは言い切れない。ごく少数の例外を除いて、1940年代後半の一般道は、長距離高速クルージングなど念頭に造られてはいなかった。最終減速比を高くすれば、加速が犠牲になる。ともあれこの車は加速が身上のドラッグスターではないので、むしろオーバードライブがあればいいと思う。

とてもいい車である。たいへんな希少車ではあるが、知的なシャシーとしなやかなサスペンションは時代を先取りしている。テストベッドとしてDB1は非常に意義深い車で、私は大いに気に入った。

この車を妥当な比較相手であるデイムラー・スペシャル・スポーツと比べてみると、DB1の方が総じてモダンに感じられる。実際より見た目はずっと重く見えるが、状況によっては高速スラロームも可能だ。

13

ASTON MARTIN

Aston Martin DB2

アストン・マーティンDB2

デイヴィド・ブラウンがDB2のエンジンとして、クロード・ヒルではなくワトソンの設計によるエンジンを採用したのは、ある意味で残念なことだ。ワトソンのLB6は生産車用エンジンとして実績がなかったのに対し、ヒルのエンジンは少なくとも4気筒版では折り紙つきだったのだが。それにヒルのエンジンは設計出力も比較的高く、構造も簡潔でしかもDB1からの血統を受け継いでいた。アストン専用として高馬力を狙うコンセプトで設計され、実際スパ24時間の優勝が物語るように将来性も充分にあった。しかし結果的にこの2ℓエンジンは、不格好だが歴史的意義のあるCタイプに搭載されたのを最後に開発はほとんど進むことはなかった。Cタイプの生産はアストンが第二次大戦の軍需生産に追われるようになる1940年まで続いた。

ラゴンダ製エンジンを選択した理由

デイヴィド・ブラウンがラゴンダを買収した目的は、戦後初めて発表した、銀行の頭取が乗るような高級モデルを製造するためではなかった。ラゴンダのずんぐりとしたスタイルには当たり障りのないコメントで口を濁し、オーバーステアは過大で、1.5トンの車重は重すぎると感じていた。戦後初のラゴンダに乗った経験のある人ならだれでもブラウンの言う通りだと思うだろう。買収の目的、つまり彼にとっては、ラゴンダのエンジンこそ魅力だったのである。ブラウンがアストンの試作車アトムのシャシーを高く評価していたのは事実だが、「君のエンジンに将来はない」とブラウンがヒルに発した警告は明らかだった。しかしヒルが

初期型DB2。サイドに開いた大げさなベントに注意。写真のVMF65は最終的にDB3Sのエンジンに換装された。

自分のエンジンに寄せる自信は高まるばかりだった。

　ライバルのジャガーはこの時すでにDOHC6気筒のXKエンジンを発表しており、ボディスタイル同様、やや演出が過ぎるきらいはあったものの、このXKエンジンのデザインが人目を引いたのは間違いない。カタログ上のパワーが控えめなのは、LB6と同様にサルーンのエンジンとして設計されたからである。

　結局、ブラウンはクロード・ヒルのエンジンに見切りをつけた。なににも増して、このエンジンには見た目の魅力がなかったためである。ジャガーが1948年にXK120の生産を決定すると、これを契機にブラウンはLB6エンジンを登用する意志を固めたと思われる。

　こうした状況の中でヒルは辞表を提出した。慰留されたという記録も残っているが、セントジョン・ホースフォールとトニー・ロルトが2人掛かりで辞職を迫った。真偽の程はわからないし、人の記憶など薄らいでいくものだ。ヒルにしてみれば自分が設計したシャシーの開発をさらに進め、ニューモデルに採用されるだけでは満足できなかった。シャシーに加えてエンジンを改良して洗練したいという希望は、ブラウンには聞き入れられなかった。アストンを去ったヒルは、トラクターの製造を手がけるファーガソン社に迎えられた。言ってみればトラクターとの絆は繋がったわけだ。ヒルはファーガソン製4輪駆動システムの開発で思うままに力を振るい、業界を風靡する。このシステムは後にジェンセンFFやフォードが採用することになる。

　1950年はアストン・マーティンにとって重要な年になった。DB2がデビューしたからだけではない。会社の発展に多大な影響を及ぼすことになる人材が立て続けに入社したのだ。その一人がジョン・ワイアだ。ワトフォードに本拠を置くモナコ・モーターズという、レースへの参加を希望するチームに代わって必要な手続きを代行する会社の共同経営者を務めていた。ワイアは、アストンに13年在籍することになる。もう一人はハロルド・ビーチである。若手の製図工として9月に入社、以降28年在籍する。3人目はロベルト・エベラン・フォ

Aston Martin DB2
1950年5月–1953年4月生産

エンジン（標準仕様 LB6/B）：
直列6気筒 DOHC, 鋳鉄ブロック

ボア×ストローク	78 x 90mm
排気量	2580cc
圧縮比	6.5：1
キャブレター	1½インチSU×2基
最高出力	105bhp／5000rpm

トランスミッション：デイヴィド・ブラウン製
　4段マニュアル 全段シンクロメッシュ式
ファイナル・ドライブ：3.77：1（標準）
　3.5：1, 3.67：1, 4.1：1（オプション）

サスペンション：
フロント：トレーリング式／コイル
リア：リジッド、パラレルアーム＋パナールロッド／コイル

ステアリング：ウォーム・ローラー

ブレーキ：12インチ ドラム

ホイール：6.00 x 16 インチ

ボディ：セパレートスチールフレーム＋シャシー

全長：	13ft 6½ in（4.13m）
全幅：	5ft 5in（1.65m）
全高：	4ft 5½ in（1.36m）
ホイールベース：	8ft 3in（2.51m）
重量：	21.9cwt（1112kg）
最高速度：	117mph（188km/h）
0-60mph（97km/h）	約11秒
新車時価格：	2000ポンド

LB6/E エンジン（輸出仕様）：
　LB6/B を除く：

排気量	2580cc
圧縮比	7.5：1
キャブレター	1¾インチSU×2基
最高出力	116bhp／5000rpm

LB6/V & VB6/V エンジン（ヴァンティッジ）：
　LB6/B を除く：

排気量	2580cc
圧縮比	8.16：1
キャブレター	1¾インチSU×2基
最高出力	125bhp／5000rpm

生産台数：409台
（少なくとも102台のドロップヘッドクーペを含む。またシャシーのみで5台販売）
シャシーナンバー：
LMA/49/1 ～ LML/50/406 および
LML/50/X1 ～ LML/50/X

　今日、オリジナルではないエンジンを搭載した個体を散見する。"新車時に定期点検を受けていなかったから"というのが理由のひとつだが、ラゴンダのエンジンが大量に出回っているためでもある。オリジナリティ擁護派に言わせると、これはカール5世のローマ略奪に匹敵する冒涜行為らしいが、私はラゴンダのエンジンはDB2に搭載したほうがよい面が発揮できると思っている。

　後期のDB2ボディはバーミンガムのマリナーが製作した。DB2の製造が開始して間もなくフェルタムで労働争議が発生し、ブラウンが妥協を拒んだためである。

ASTON MARTIN

ハロルド・ビーチ

　ビーチが製図工としてアストンに入社したのは1950年9月のことだ。コーチビルダーのバーカース、商業車用エンジンメーカーのウィリアム・ビアドモア、ロイヤル・パークにてハンガリーのニコラウス・シュトラウスラーのもと戦時の労務に就くという経歴を経て、アストン入りした。シュトラウスラーは軍用車両に用いる多輪駆動レイアウトの専門メーカーだ。水陸両用車のアルヴィス・ストールワートはビーチが設計したものだ。ちなみに、フェルタムで働き始めた時の初任給は週給11ポンドだった。

　クロード・ヒルが去り、DB2の後継車開発が始まろうとする頃、フォン・エーベルホルストがアストンにやって来た。トレーリングリンクによるサスペンションの開発は続けられたが、それにだれもが満足していた訳ではなかった。ビーチは当時について「より現代的なウィッシュボーン・レイアウトを採用したいと望んだが、保守的なフォン・エーベルホルストによってその夢はくじかれてしまった」と語っている。

　マレックのエンジンを搭載した、ビーチ設計のDB4は、トゥリングから製作不可能との理由で退けられてしまった。やむを得ずシャシーを全面的に再設計し、プラットフォーム型に改めたのは1957年夏のことだ。この頃ビーチはチーフエンジニアに昇格していた。DB4は同年クリスマスまでに生産の準備が整い、翌58年10月にデビューすると、評論家から絶賛を浴びた。ド・ディオン・リアアクスルは採用できなかったが、ビーチ自ら設計したウィッシュボーン・サスペンションを取り入れた。デイヴィド・ブラウン自製のギアボックスは騒音が大きいが頑丈だ。

　その10年後、自分が設計したシャシーに改良の手を入れ、DBSの土台とした。さらにその10年後、そのシャシーを応用してV8ヴォランテを造り上げる。これがアストン・マーティンにおけるビーチ最後のプロジェクトになり、1978年4月に現役を退いた。人を押しのけて前に出ることのない控えめな物腰の裏に、鋼の意志が潜んでいた。ハロルド・ビーチによる革新的な設計は、紆余曲折はあったものの、ほとんどが生産化されている。勤勉で正確に仕事をこなす、腕のいいエンジニアだった。

標準仕様DB2のインテリア。

ン・エーベルホルスト博士だ。博士の在籍期間は3年とやや短かったが、その理由は後に記す。そして同年末、社名がアストン・マーティン・ラゴンダ社へと改められた。

初期のLB6エンジン

　私自身は、ヒルのエンジンに取って代わったLB6エンジン、とりわけオリジナル型には何の愛着も感じていない。工場に残された当時の整備記録にさっと目を通しただけでも様子はうかがえる。"4000マイルでエンジンを新品に換装。1万2000マイルで再度、新品に換装……"とは、あきれたものだ。後に登場するラゴンダのレース用V12もそうだが、初期型LB6エンジンは、ジャガーやアルファなどが造るエンジンと比較すると、扱いづらく、頻繁なメンテナンスを要した。整備記録を拠り所に判断すれば、脆弱なエンジンでもあった。その問題の根本は設計者のワトソンにある。ワトソンにはラゴンダに入社以前、インヴィクタ・ブラック・プリンスで、あるレイアウトを試みて失敗した経緯があった。愚かにもワトソンはなんとかこれをまともに動かしたいとの思いに取り憑かれていた。

　ワトソンが抱えていた問題はメインベアリングによるクランクシャフトの支持方法である。まずメインベアリング数が4個と不充分であるうえに、先頭には一般的なメインベアリングを用いているものの、残りの3個は類を見ない変わった構造だった。分割式の軽合金でできた大きな"ドーナツ"を想像していただきたい。エンジンが暖機運転される間に、これが熱膨張して鋳鉄製クランクシャフトと、同じく鋳鉄製のクランクケースに対してのクリアランスを詰めるという設計だった。もうおわかりだろう。このエンジンは材質固有の熱膨張率の違いに起因する根本的な問題からどうしても脱却できなかった。

　LB6エンジンはスポーツカー用なので高回転を常用される。結果として高い油圧を設定したが、これが弱点となった。DB2はそうした弱点を抱えてはいたが、そのエンジンが発する実に官能的なエグゾーストノートで、多少なりとも埋め合わされた。

新世代のスタイルを持つアストン

　DB2は申し分なく美しい。先代のDB1と比べて冗長な部分がなく、その外観は1940年代後期のイタリアデザインの影響を大きく受けている。アストン・マーティンのデ

2. ASTON MARTIN DB2

ワトソン設計のDB2エンジン。エアクリーナーを除き、同時代のラゴンダ・ユニットとほぼ同一だ。そのため多くのラゴンダからアストンのスペア用にエンジンが抜き取られてしまった。

ザインテーマはこのDB2から始まっている。

フランク・フィーレイが戦前にデザインしたラゴンダはどちらかと言えば1930年代に花開いたグランド・ツアラーの様式に倣ったものだったが、イタリア旅行から戻ったフィーレイが新たに目指したのは、細部にまで行き届いたデザインを持つ、アストンならではの魅力をたたえた先進的な車だった。フィーレイはミラノに本拠を置くトゥリングの作品に大きく感化された。トゥリングは、BMW、アルファ・ロメオ、ブリストル、そしてもちろんフェラーリなど様々なシャシーにボディを構築した名門カロッツェリアである。

だが、フィーレイの作品はトゥリングのクローンなどではない。アストンのデザインは無駄がなく、初期のラジエターグリルを例外とすれば、装飾の類を極力排している。スタイルを特徴づける伸びやかなラインが、後方に向けて1点に収束している。見る者の視線はこのラインに連れられてリアに移動する。そこには普通トランクがあるが、DB2ではスペアホイールを覆う小さなリッドだけが設けられている。だから荷物はシートの後ろに押し込むしかなく、本来のトランクスペースにスペアホイールを搭載したため、笑うに笑えぬ逸話が生まれた。なるほど美しい事ではあったが、DB2は腰痛専門医が勧める車ではなかっただろう。腕力に自信のないオーナーにとってもスペアホイールの搭載位置は悩みの種だ

ったかもしれない。この欠点は次のアストン・マーティン市販車では抜本的に是正されることになる。

フィーレイの作品はヨーロッパとアメリカのトレンドに遅れを取っていたわけではないが、DB2ではとりわけイタリアデザインの特徴を手本にしていた。たとえばフィアット8Vのリアクォーター周辺デザインが、DB2にはっきりと反復されている。一方、フロントエンドの素っ気ないほどの簡潔さは、来るべきモデル数世代に受け継がれることになり、アストンの個性となっていく。

ワトソンとベントレーの初共作となったDB2エンジンは、よく壊れるという今に続く評価を得てしまった。

17

ASTON MARTIN

ウェバー製キャブレターを備えたDB2エンジン。写真はもともとコンペティションカーのDB3Sに搭載されていたエンジン。

英国伝統の優れた工作

　アストン・マーティンと同時代のイタリア製スポーツカーとの間に一線を画している特徴がもうひとつある。その高度なボディ工作精度だ。イギリス人が得意とする、ローラーを用いて金属パネルを曲げる方法は、イタリア流のアルミの薄板を叩き上げて成形していく方法と比べて、完成品の品質と耐久性の両方で大きな利点がある。

　イタリアでは、文字通りハンマーをふるってボディ形状を打ち出していく。一人の職人がボディ半分を受け持ち、完成した左右半分を中央でつなぎ合わせる。この方法では、目にも明らかに左右非対称なボディができあがってしまう場合がしばしばある。DB2のボディ工法は、1枚のパネルを1回の作業で完成させる。こうするとパネル同士のチリが正確に合い、しかもパテ盛りをしないで済むか、あってもごく微量に過ぎない。

　しかしながら、同じモデルの間でボディパーツに互換性があるかといえば、その可能性は薄い。ボディは各々のシャシーに合わせて構築されているからだ。この製作方法は今でも変わらない。アストン・マーティンが完成させたボディはほぼ完全無欠である、という一貫したポリシーは、さらにアストンの企業ポリシーである完全無欠の製品造りへと広がるが、もとはボディの製作に始まったのである。アストンは今でも職人による手作りのため、何の修正もなしにボディパーツが別の同型車に収まることはまずない。もし収まったとしても単なる偶然に過ぎない。

　人によってエンジンについては言いたいことがあるかもしれないが、全体のパッケージは今日の目からも魅力的で、DB2はまずまずトラブルの少ない車との定評を得た。シャシーレイアウトは簡潔極まりない。ソールズベリー製のアクスルはノイズが過大なものの頑丈だ。デイヴィド・ブラウン自製のトランスミッションも、ガーリングのブレーキも長寿命を誇る。一方、電装関係は

工場の一隅で、1949年ルマン出場に備えて作業を受けるDB2シャシー。

2. ASTON MARTIN DB2

主にルーカスの製品が用いられており、DB2にとって泣き所のひとつとなった。

シャシー

DB1同様、クロード・ヒルが1939年にアトムで設計したシャシーの短縮版だ。角形断面のチューブが主構造を形成する。ホイールベースは8フィート3インチ（2.5m）、バルクヘッドとホイールアーチは鋼板から組み立てた。ボディ中央部のフレームはZ断面のスチールが形成し、これを小径チューブが補強する。この構成はスーパーレッジェラ工法を連想させるが、アストンがこれを採用するのはもっと先のことで、DB2のシャシーは重く、骨太だ。

全輪にコイルスプリングを採用したサスペンションは、同時代のイタリア製スポーツカーに比べ、しなやかにストロークする先進的な設計だ。フロントにはトレーリングリンクが用いられ、リアはパラレルアームに加えて1本のパナールロッドがライブアクスルを位置決めする。結果としてDB2のハンドリングは同時代のライバルの大半と比べても高い水準にあり、この車の最も優れた特徴となっている。

アルミ合金製（18スタンダード・ゲージ）のボディは、スチール製フレームワークにしっかりと固定される。ボンネットはアルミ製の1枚もので、ノーズ側をヒンジに45°まで開く。ウィンドシールドは2枚の平面ガラスを組み合わせており、後方に傾斜している。リアウィンドーは面積が狭く、ルーフ後端の曲率に沿って横方向に曲線を描いている。高い位置にある上、地上高をたっぷりとってあるので、後方視界はよくない。車高が極端に低い車、たとえばランボルギーニが背後に迫っていても、ドライバーからは見えない。

1950年始めに製造されたなかには、DB1風の3分割フロントグリルの車がある。さらにフロントホイールアーチ後方に洗濯板のような通風スリットが1対開いていたが、ありがたいことに以降の車では姿を消した。レジスタープレートを中心に左右で軽く円弧を描いた前後の軽合金製バンパーは、お飾り程度だ。初期型の一部では両サイドシルにもプロテクターがつき、バンパーと繋がり、車体を1周するものもある。

室内と電装品

車内も簡潔なデザイン思想でまとめられている。2座のシートは革張りだが、平板なのでサポートは芳しくない。ただし前後の位置は調整できる。ドアトリムもシートと同じ革張りで、フロアにはウール・ウィルトン・カーペットが敷いてある。ダッシュボードはシンプルな木製1枚板で、左から右に、イグニッションとスイッチのユニット、時計を組み込んだスピードメーター、油圧計／電流計／水温計／燃料計のコンビネーション、

タデック・マレック

タデック・マレックはハロルド・ビーチほど幅広い工学的背景を備えたエンジニアではなかった。オースティンで軍用エンジンの設計に携わった後、1954年にアストン・マーティンに入社した。最初の仕事は、DB2/4シリーズに搭載された3ℓエンジンに改良を施し、DBAファミリーを生むことだった。ビーチの助力を得たマレックはこのシリーズ最強のDBCを造り上げた。

1955年にはDB2/4の後継車となるDB4のエンジン開発作業、プロジェクト186に着手する。当初、排気量は3670ccだったが、レース用にほぼ4ℓまで拡大され、DB4の生産が終了した1963年以降は、これが標準スペックとなった。このころ早くもマレックは、DBSに搭載するV8の開発を始めていた。DP186は初期トラブルにこそ泣いたが、偉大なエンジンに成長する。

現在使われているキャラウェイ・チューンは、1962年に端を発するオリジナルエンジンの直接の子孫で、大きな違いは4バルブ・レイアウトになったことくらいだ。マレックの作品は時の試練によく耐え、イタリア製V12であれ、アメリカ製、あるいはドイツ製V8であれ、同時代に生まれた製品と比べて別格の境地を拓いた。タデック・マレックは1985年他界した。

上：レジ・パーネルとDB2レーシングカー。

ASTON MARTIN

勢揃いしたDB2レーシングカー。

そしてタコメーターが収まる。メーターはすべて円形だ。

　電気系統はすべてイギリス製で、計器類はスミス製、燃料ポンプはSU、その他の電気系パーツはルーカス製。ワイパーはこの時代の典型で、まったく役に立たないし、SUの燃料ポンプはよく壊れる。私の考えでは、両方とも新品に換えるに惜しくはない。中古パーツを使うなら、少なくともポンプは吐出量の大きなものを、ワイパーは払拭面積の大きなものを選ぶべきだ。

パワートレーン

　エンジンは直列6気筒DOHC、ブロックは鋳鉄製で、78mmのボアと90mmのストロークから2580ccの排気量を得る。この車が生まれた当時、イギリスが蓄えていたガソリンの品質が粗悪だったことを反映して、初期型の圧縮比は6.5：1と低い。1気筒あたりの2個のバルブが60°の挟み角で配されている。

　公表出力は105bhp／5000rpm。1951年1月にシリンダーヘッド部を中心に改良を施した"ヴァンティッジ"チューンが追加になる。これは圧縮比を8.16：1に高め、SUキャブレターの口径を広げ、125bhp／5000rpmを発生した。パワーは、9インチ径のボーグ・アンド・ベック製乾燥単板クラッチを経てトランスミッションに入った。

　ギアボックスはデイヴィド・ブラウン自製の4段で、全段にポルシェ設計のシンクロメッシュがつく。1速と4速のギア比はそのままで、3速と4速のギア比を変えクロースレシオにできるオプションの設定があった。

　リアアクスルはソールズベリー製のハイポイド式で、最終減速比にはオプションの設定があった。標準は3.77：1だが、これ以外に3.5：1、3.67：1、4.1：1を選択できた。6.00×16サイズのタイアと組み合わせた標準のギアリングでは、トップギア1000rpm時のスピードは21.4mph（約34.4km/h）となる。オーバードライブの用意はないが、後からこれに交換している車がある。いいアイディアだ。ただし最終減速比に合ったスピードケーブルに交換しておかないと、ややこしいことになる。

2. ASTON MARTIN DB2

現代のDB2

　私は、自分にとって最初のアストン・マーティンになるはずのBD2をタッチの差で買い損ねたほろ苦い経験がある。1982年のある日、"売りたじ"の広告が目に入った。サウス・ケンジントンを取り巻くように、馬屋を改造したアパートが密集する地域があり、その界隈の自動車修理工場が出した広告である。売値は確か1200ポンドだった。工場主のゴールドストーン氏に電話をすると、頭金400ポンドを渡してくれれば取っておこうと言う。これからインフレになるという世間の予想が私の頭に残っていた。悪い話ではなさそうだと、買う意志を伝えた。

　頭金を手に工場を訪れた私の目にショッキングなシーンが飛び込んで来た。ちょうど、格好のよいテールが角を曲がって消えていくところだった。ステアリングを握っているのは喜色満面の新オーナーだ。アストン・オーナーにあるまじき下手な運転だと思った。中古車販売なんてそんなものだが、それにしても逃した魚は大きかった。ウェバーに換装済みで、"コンペティション・ヒストリー"が添えてあった。あくまでも売り手の言い分だが。ルマン出場車か、ピーター・セラーズが生前所有していた車のどちらかに違いない、その時の私にはそうとしか思えなかった。憂さ晴らしにDB4を破格値で買った。その車に足りないものと言えばエンジンだけだった。

　現存しているDB2が、オリジナルと寸分違わぬ性能を維持しているとはまず考えられない。また、後づけパーツが一切ない純然たるオリジナルコンディションの個体も、皆無ではないがきわめて少ない。

　DB2で留意いただきたい点を2、3記す。DB2が設計段階にあったのは1949年ごろだが、これ以降のパワーアシストや遮音対策、またサスペンション材質の進歩には目覚ましいものがある。DB2は、セパレートシャシー構造で、かつボディは近代的なメタルファスナーの類を一切用いず、おおむねそれ自体の張力でフレームに固定されているだけである。これは銘記していた

DB2レーシングカーの車室内。

だきたい。

エンジンを始動すると、予想以上にやかましい車だと思うだろう。耳障りではないが、この音は回っている限り常に聞こえる。クラッチは重い方だ。ステアリングはさらに重く、低速ではまったくフィールを伝えてこないが、これはウォーム・ローラー・ステアリング・ギアボックス固有の通弊だ。しかしきちんと働くし、ひとたびスピードに乗ればなんら問題ない。騒がしいノイズのため実際より速く感じる。公表データでは0-60mph（0-96km/h）加速が約11秒、最高速は117mph（約188km/h）に達するが、これはジャガーXK120にきわめて近い数字だ。

しかし今も昔も車をテストするジャーナリストは、機械に対して情けも容赦もない。今日、無改造のDB2でこの数字を再現しようなど夢にも考えてはならない。目が飛び出るほどの請求書を突きつけられる羽目になる。この時代の車としてはスピードが出る。法定制限速度近くまでスピードを上げると快適になり、70から80mphの巡航は快適無比だ。トランスミッションのできばえは第1級で、シフトレバーの動きは正確にしてメリハリがある。

だがブレーキは鳴く、ジャダーする、フェードすると三悪そろい踏みだ。これはオプションのアルフィンドラムを装着しても事情は変わらない。DB2世代の車に共通する弱点である。擦動面積が152 in²（980cm²）しかないこのブレーキは、DB2の動力性能に見合っていない。高速道路のスピードから減速するには、気合いもろともペダルを踏み込むことを要する。付記すれば、DB2でノーズとテールが接するような渋滞にははまりたくない。運転している人間の神経が参ってしまうのだ。この車にはまともなバンパーなどないことをお忘れなきよう。接触したら最後、まずボディにダメージを受ける。

DB2をドライブする

コーナー進入時のハンドリングはほぼニュートラルだ。ドライバーの意志でテールを外に振ることもできるし、職人芸的なドリフト姿勢に持ち込み、それを維持することも可能だ。だからといって、そういう走り方が本当に必要なわけではない。ロードホールディングは、現代のFWDホットハッチに慣れたドライバーが乗っても、驚くほど高い水準にある。ひとたびテールがアウトに流れても収束は容易だが、こういうお遊びはサーキットに限る。

アストン・マーティンの伝統的な特徴で、エンジンパワーに対して相対的に車重が重いのに対して、ランニングギアはレース仕込みなので、公道で傍若無人な真似をして、自分だけは安全という運転も可能だ。仮にそれがあなたの好きなスタイルならばだが。DB2の操縦は楽しいが、くれぐれも周囲から反感を買わないように。

DB2であればモデルにかかわらず、それを最も楽しむことのできる格好の舞台は、よく整備された2級道だ。直結のトップ以外のギア、特に3速を駆使して走ると現代の車では決して望むことのできない、この車ならではのパフォーマンスが楽しめる。やむなくひどい悪路を強行突破すると、スカットルシェイクを起こし、大きなボンネットが細かく揺れるのが伝わる。この時ばかりは剛性の足りないシャシーの古さを感じることになる。

財政的に崖縁に立たされていた2社が合併した直後で、主要スタッフが会社を去り、厳しい決断を強いられ、市場では熾烈な競争が展開していた、DB2はそんななかに開発された車である。それを考えるなら、DB2は驚くべき成功作だ。DB2はこのカテゴリーのなかのベストではないにしても、目的に対して純粋で、美しい車であることは間違いない。なによりクロード・ヒルが理想としたオリジナルの設計をこれほど忠実に守って造られた車はDB2を置いて他にない。

バイヤーズ・ガイド

　総計で409台しか造られなかったDB2はどちらかというと希少車で、売り手市場にある。もちろん致命的なダメージを負った車はこの限りではない。アストン・マーティンのオーナーが車を手放すのは止むに止まれぬ事情、大抵は途方もない修理費が理由だ。DB2を扱うスペシャリストの工賃はとりわけ高価で、作業によってはきわめて時間がかかり、一部のスペアパーツは笑ってしまうほど高価だ。

　購入する際に共通のルールはここでも全てあてはまる。幸いDB2と派生モデルは構造が単純で内部もほぼ目視できる。

1. 四隅の地上高を計り、シャシーに一切のゆがみがないことをまず確認する。ドアと隣接するパネル間のチリを子細にチェック。巨大なボンネットを開けて、裏側に素人の手による修理の跡がないか。無様な修理跡が1箇所でもあれば、素人が修理した箇所が他にもあると疑ってかかるべきだ。フロントに横置きのチューブが見える。内部にはオイルが充填してあり、トーションバーが貫通している。事故のダメージ、およびオイル漏れがないか子細にチェック。交換すると大事だ。

2. シャシーのフロント部は子細に点検する。特にボンネットのヒンジは注意ポイント。大量のスペーサーないしはシムを噛ませてある場合、シムの枚数と番手が左右で同一であること。左右で違うなら事故車かもしれない。

3. ボディには一切のゆがみがあってはならない。見たところパネルに波状の不整がないからと言って安心は禁物だ。真横から見て、ドアの前端とボンネットの後端との間隔が直線で、かつ正確にチリが合っていることをチェック。ドアとボンネットの底線は一直線に結ばれていること。この2本の直線が90°で交差していること。左右4箇所ある交差ポイントのうちひとつでも直角に交わっていない場合は、ダッシュ下のボンネットレリーズバーが所定の位置に納まっているかをチェック。もし所定位置にあるのなら、これはもう車両のフロント部を徹底的にチェックするしかない。事故車の可能性があるからだ。

4. エンジンをチェックする際、見た目は気にしないこと。外見の美観はどうでもよい。まずオイルはきれいだろうか。ラジエターとオイルフィラーのキャップを両方はずし、オイルと水が混ざっていないかチェック。混ざっていたらヘッドガスケットに問題があると疑うべきだ。素人エンジニアが行ったエンジンのリビルドにまつわる逸話には枚挙にいとまがない。素人にはシリンダーライナーとブロック間のクリアランス量の正確な判断が難しい。クリアランスが正確でないと、ガスケットはシール性能を正しく発揮できず、漏れが始まる。ガスケットからの漏れは他にも原因があり、オーバーヒートが絡んでいる場合が多い。ウォーターポンプが設計値どおりの冷却水を吐出しない事例は嫌というほどある。最近リビルドされたばかりのエンジンなら、おそろしいガスケット症候群を防ぐためにも、チェックの目を光らせること。

5. シリンダーライナーとブロック間のクリアランス量が適切でないと、ブロックにひびが入りやすい。たいていは明るい赤のラッカー塗装を施されるが、修理の跡は必ずわかる。溶接の跡がないか、あるいはスポット溶接で"縫い繕い"がないかチェック。これがある場合、過去に大きなトラブルがあったと疑ってかかるべきだ。だからこそ冷却水に乳化したオイルが混入していないか、このチェックはゆめゆめ怠りなきよう。ブロックが損傷すると、その車の価値はほぼ失われる。今のところ交換部品は手に入るが、決して安くはなく、エンジンを一から構築しなければならない。

　ブロックが脆弱なのは設計に起因する2つの弱点が原因で、2つが相まって事態を悪化させている。ひとつめの弱点は目にも明らかだ。冷却水の通路とブロック本体との肉厚が薄いこと。もうひとつはボトムエンドに掛かる負荷が大きいことだ。これにも2つの要因がある。独特なクランクとベアリングの組み立て方法とライナーに掛かる負荷である。これらが重なり、エンジンが古くなると内部腐食が進み、ウォータージャケットを蝕む。

6. エンジンを始動し、ディーゼルのような音を立てていないか。そういう音がする場合は摩耗したベアリングが音源か、あるいはシリンダーウォールの摩耗に起因するピストンのスラップ音を疑うべきだ。

　油圧をチェックする。冷寒時の油圧は高く、85psi（約6kg/cm^2）にも達する。適正作動温度で4000rpmのとき、少なくとも60psi（4.2kg/cm^2）以上なければおかしい。また経過時間に応じて油圧が変化しないのは異常。油圧は素早く上がり、ゆっくり落ちるのが常態だ。

7. エンジンベイについて。エンジンに染みひとつ付いていなくても、油圧、圧縮比、出力などが所期の数値に達しない個体は、きれいだからと金を払う価値はない。オブジェとして飾るならともあれ。

　私が勝手に作り上げた中古車業者のイメージをお話しよう。ガラクタを売って儲ける羨ましい職業のそいつは、生まれつきお調子者で髪型は奇抜、やたらハイな奴を装っている。連絡先は携帯の番号だけ。もちろんそのエンジンがどうしようもない状態なのは承知の上、修理法も知らないわけではないが、そんな手間よりエンジンベイの"ディテールアップ"にカネを掛ける方がずっと率の良いのを知っている。あなたがラジエターキャップの裏側にベッタリとへばりついた、訳のわからないどろどろしたものを訝しげに眺めていると、ご親切にも「天井の内張のここにかぎ裂きが入ってましてね、玉に瑕ってやつですか」などと言ってあなたの気を逸らせてくれる。……こういう輩の話にはゆめゆめ乗ってはならない。間違いなく法外な修理代を払う羽目になる。

ASTON MARTIN

Aston Martin DB2/4

アストン・マーティンDB2/4

DB2の室内が狭いことは、生産が始まるとすぐに問題となった。トランクがなく、車内に2名乗るとほとんど空間が残らない。確かにアストン・マーティンはレースで活躍するブランドには違いないが、DB2は市販レーシングカーではなくロードカーである。室内装備は充実しているものの、公道を走る車としては騒々しく、荷物が積めないなど使い勝手の悪い部分が、実用性を大いに制約していた。

室内を広くしたDB2/4

純粋の2シーターとして設計された車を、使い勝手のよい2+2に改造しようという試みはこれまで多くのメーカーが挑戦してきたが、成功例をほとんど見ていない。ジャガーによるEタイプの+2化などは、この改造がいかに難しいかを示す典型例だろう。唯一、ロータスだけは上手にこなし、エラン+2をものにしたことは銘記すべきだろう。

先代の精悍さこそ一部失ったが、一部DB2/4はそれなりの美しさをたたえている。ハッチバックを備え、買い物にも、ゴルフにも行ける車に生まれ変わった。

3. ASTON MARTIN DB2/4

頑丈なバンパーが備わったDB2/4。前後にバンパーを備えることで視覚的に全長を長く見せ、丸く盛り上がったリアを目立たないようにした。ウィンドシールドはすっきりとした1枚ガラスに改まった。

アストン・マーティンが試みたDB2の＋2モデルがDB2/4だ。折りたたみ式のリアシートを追加して、リフトバック式テールゲートに改めた。テールゲートの発想は斬新だが、後半部のスタイルが鈍重になってしまい、少々やり過ぎにも見えた。アストンも先刻気づいており、ホイールベースは変えずに、前後にバンパーを装着して全長を7インチ（178mm）延長、視覚的に伸びやかに見せることで対応した。

　DB2からの変更点は他に2箇所ある。ヘッドライトの位置が2インチ（約51mm）高くなり、従来2枚の平面ガラスだったウィンドシールドが1枚ガラスに改まった。これらの変更でDB2独特の贅肉のない精悍さはやや失われてしまったが、この手術は成功した。DB2はゴルフクラブや釣り竿、長い旅行の荷物を積める車に変貌したのだ。シャシーはDB2とほとんど同じで、後部のスペースを稼ぎ出し、容量を小さくした燃料タンクを収めるために必要な調整を施したに留まる。車重は200ポンド（91kg）重くなった。

　DB2/4のボディ製作は、DB2と同様にバーミンガムのマリナーが請け負った。一

Aston Martin DB2/4
1953年10月–1955年10月

VB6/J エンジン：
（VB6/B ののち標準、生産終了まで）
　VB6/E をのぞく：
ボア×ストローク　　　　　　83 x 90mm
排気量　　　　　　　　　　　2992cc
最高出力　　　　　　140bhp／5000rpm

トランスミッション：デイヴィド・ブラウン製
4段マニュアル 全段シンクロメッシュ式
ファイナル・ドライブ　　　3.77：1（標準）
3.5：1、3.67：1 および 4.1：1（オプション）

サスペンション
フロント：トレーリングリンク／コイル
リア：リジッド、パラレルアーム＋パナールロッド／コイル
ステアリング：ウォーム・ローラー

ブレーキ：12インチ ドラム

ホイール：6.00 x 16インチ

ボディ：セパレートフレーム＋シャシー

全長：　　　14ft 1½ in (4.3m)

全幅：　　　5ft 5in (1.65m)

全高：　　　4ft 5½ in (1.36m)

ホイールベース：　8ft 3in (2.51m)

重量：　　　23.2cwt (1180kg)

最高速度：　　117mph (188km/h)
0-60mph (97km/h)　　　約11秒

新車時価格：　　2600ポンド

生産台数：65台。少なくとも73台のドロップヘッドを含む。

シャシーナンバー：LML/501 ～LML/1065

ASTON MARTIN

左:ニューポート・パグネルのアストン・マーティン・ラゴンダ社屋前で。ただしこのDB2/4の生まれ故郷はフェルタムだ。

右:DB2とDB2/4のテールライトは共通。

方、そこから少し南に下ったニューポート・パグネルに工場を構えるティックフォードでは、工作機械を導入してラゴンダの量産体制に備えている最中だった。間もなくティックフォードもブラウンが買収し、ここでアストン・マーティンとラゴンダのボディが一括製作されることになる。さらにはアストン本社がここに移転することになるのだが、それはDB2/4が現役を退いて以後の話である。

DB2と同等の性能を保つため、125bhpを発揮するヴァンティッジ仕様がDB2/4では標準仕様になった。DB2にあったギアレシオと最終駆動レシオのオプションもそのままDB2/4にも用意されたので、ドライバーが車を操る楽しみはいささかも損なわれることはなかった。

だがリア・パッセンジャーはそれほど楽しくはなかったはずだ。シートのサイズと言えば"便座"なみ、しかもリアアクスルのほぼ真上に位置しており、ヘッドルームもぎりぎりだった。しかしDB2/4でアストンが目指したのはファミリーカーを造ることではなく、いざというときに2人余計に乗せることができ、普段は荷物を放り込むのに重宝なスペースを提供できる余裕にあった。

2.9ℓエンジン

アストンには同じ所に留まっている余裕はなかった。ウィリー・ワトソンはこの時、LB6エンジンの排気量を2.9ℓに拡大するべく、設計の手直しに余念がなかった。コスト面の理由から基本の鋳造部分はDB2と同じものを流用した。ボアは5mm拡大して83mmとなり、2気筒ずつペアでオフセットされた。つまりコンロッドもオフセットされた訳で、これが後に問題となる。ともあれ、排気量を拡大したことで、公表140bhp／5000rpmという満足のいく出力向上を果たすことができた。この3ℓ版はすでにDB3レーシングカーで実績を積んでおり、DB3Sに搭載されることになる(詳細は次章)。

DB2のVB6/Eヴァンティッジ仕様は2.6ℓエンジン時代のDB2/4では標準であり、新型エンジンVB6/Jが1954年夏にその後を引き継いだので、DB2/4専用のヴァンティッジ仕様はない。

右ページ上はDB2/4ハッチバック。
下はDB2/4ドロップヘッド。

3. ASTON MARTIN DB2/4

ASTON MARTIN

The DB3, B3S and Lagonda V12

DB3、DB3S、ラゴンダV12

レーシング・アストンのストーリーは長く複雑だ。本書の趣旨はその歴史を辿ることではないが、厳密なレースの結果はもちろん、生産型の開発にもたらした重要な役割を考えると、1章をレーシング・アストンに割く価値は充分にあるだろう。

DB3
1951年9月15日、北アイルランド、アルスターのダンドロッドで行われたツーリスト・トロフィー・レースに1台の新型アストン・マーティンが姿を現わした。6月のルマンに走らせる予定が遅れてデビューを果たしたこの車の名はDB3である。新たに着任したチーフ・エンジニア、ロベルト・エベラン・フォン・エーベルホルスト博士の指揮の下、フェルタムのワークス陣が1年にわたって努力を積み重ねた成果だ。

着任前、フォン・エーベルホルスト博士はERAに雇われ、賃金こそ受け取ってい

5台製作されたDBR1のうちの1台。DBR1は16のレースに出走し、8回の優勝を収めてワールド・スポーツカー・チャンピオンシップを獲得した。

たが、事実上身動きのできない状況に置かれていた。当時のERAは、レスリー・ジョンソン（1948年のスパでホースフォールのコドライバーを務めた）が所有しており、まるで戦前に栄華を極めたヴォワチュレット・レーシング・スペシャリストの最後の生き残りだった。

フォン・エーベルホルスト博士は、戦前に偉大なアウトウニオンGPカーの設計に携わったという輝かしい経歴の持ち主だが、その知識は契約上、ジョンソンに押さえ込まれており、博士の存在はERAにとってアドバルーンにしか過ぎなかった。戦後、イギリスに渡った博士が成し遂げた最良の成果といえば、ジョーウェット・ジュピターのシャシーを設計したことだった。悪いスタートではないが、博士の経歴を考えればスケールが小さすぎる。その博士を救ったのがデイヴィド・ブラウンだった。アストン・マーチンは、大きな期待をもって博士を引き抜いた。

非常に慎重なフォン・エーベルホルスト博士は、じれる周囲を尻目に、着実かつ綿密に事を進め、2本の大径チューブを主構造とする頑丈なラダーフレーム・シャシーを造り上げた。トーションバーによりつり下げられるサスペンションは、フロントがトレーリング式、リアは1本のパナールロッドで位置決めされたド・ディオン・アクスルで、ブレーキはインボードだ。エンジンは2.6ℓ版DB2ヴァンテージ仕様そのもので、3基の36mmウェバー・キャブレターと、8.16：1の圧縮比から140bhpという頼もしい出力を発揮した。トランスミッションはデイヴィド・ブラウン自製の"S527型"5段ギアボックスだ。簡潔きわまりないボディは、DB2ボディをバルケッタ風にストリップダウンし、レースで走れるよう発展させたものである。

こうして完成したDB3だったが、関係者の期待に応えることはできなかった。アストン・マーチンはワークスカーとして4台をレースに送り込み、残りはアマチュアドライバーに売却された。長距離レースでの耐久性に実証済みとはいえ、DB3のエンジンはDB2に搭載されたエンジンと本質的に変わりはない。DB3に用いられたVB6エンジンでは、大排気量のライバルを向こうに回して苦戦を強いられるのは目に見えていた。数えるほどのクラスウィンしか収められなかった現実を前に、アストン陣営の見通しは暗かった。問題の根本は重すぎる車重にあった。ブレーキだけはよく効いたが。いや、有り体に言えば図体が重いので自然に止まってしまうのだった。DB3は開発ベッドとして、その後実戦に活かされる成果をいくつか挙げたに留まる。

DB3/S

1952年から53年にかけての冬、ウィリー・ワトソンは上司であるフォン・エーベルホルストを巧みに出し抜いて、ジョン・ワイアに接近する。この場合の接近とは"にじり寄る"とお読みいただきたい。ワトソンには車を改良する幾つかのアイディアがあり、これをワイアに持ちかけた。そのワイアもフォン・エーベルホルストによる仕事の進捗具合にはイライラさせられていたから、ワトソンの話に乗った。2.6ℓエンジンの排気量を拡大する作業でイニシアチブを執っていたワトソンは、外部からの接触を断ち、1953年春、改良型設計図をもって姿を現わした。DB3シャシーを一回りコンパクトにすることで軽量化を図り、そこにフランク・フィーレイの作品のなかでも屈指の美しいボディを架装した車を完成させた。フォン・エーベルホルストは紳士としての矜持を保ち、これに無言で応じる。

DB3/Sはこれまで造られたなかで、紛れもなく最も美しい車の1台だ。ワトソンによる改造、というより設計のやり直しにより、新しいDB3SはDB3と比べて170ポンド（77kg）の軽量化を果たした。これで、ようやく重荷を負ってきたエンジンに本来の力を発揮するチャンスが巡ってきた。4速ギアボックスも改良され、スパイラル・ベベルギアのデフは軽量化され、パナールロッドに代わってスライディングリンクが採用になった。

ベントレーとワトソンが共同設計したオリジナルをワトソンが2922ccに拡大し、DB3に積んでテストを重ねた。このエンジンは若干の変更を受けてDB2/4にも積まれる。排気量を拡大するにあたって

ジョン・ワイア

デイヴィド・ブラウンがジョン・ワイアと初めて会ったのは、1948年のスパ24時間レースだった。ワイアはその時、戦前型アストン・マーチンでレースに参加したプライベートドライバーのダドリー・フォランドのピットを取り仕切っていた。ワイアの采配ぶりに強く印象づけられたブラウンはワイアを招聘し、1950年にレース部門のマネージャーとしてアストン・マーチンに入社した。1956年にはジェネラル・マネージャーに昇格し、レースの実務をレジ・パーネルに引き継いだ。

ワイアはアストン・マーチンのレース部門に大きな足跡を刻んだ。本人を知る人たちによれば、非常に規律を重んじる人物だったという。しかしアストン時代、少なくともサーキット以外の所では、ワイアの努力は常に徒労に終わっていたようだ。アストン・チームの度を過ぎた悪ふざけぶりは、周囲より大変な不評を買っていたからだ。

ワールド・チャンピオンシップのかかったレースは、ガルフカラーにペイントされたフォードGT40やミラージュ、ポルシェといったチームの采配を振るい、多くの勝利を手中に収めた。80歳の長寿を全うしたにもかかわらず、その生涯で一度たりとも晴れ晴れとした健康に恵まれることはなかった。引退後はアメリカに移り、アリゾナで余生を送った。澄んだ砂漠の空気がワイアの病んだ肺によかったのだ。

ワイアは、ピットクルーのあるべき姿を自ら実践した最も優れたレース監督として、レースの歴史に名前を残すことになるだろう。ワイアの細部にまで徹底したマネージメントがなければ、アストン・マーチンが今ある戦歴を達成できなかったことは間違いない。ジョン・ワイアは1989年4月、この世を去った。

ASTON MARTIN

ウィスクーム・パーク・ヒルクライムに出走するDB3レーシングカー。

は、ブロックは既存のものを使うことにしたが、現状のままではボアを拡大する余裕がなく、必要なボアピッチを得るため、6気筒を2個1組のペアとしてオフセットさせる方法をとった。しかし結果としてコネクティングロッドのスモールエンドに大きな負担をかけることになった。

事実、このエンジンを積んだDB3の2台は、1952年のモナコ・スポーツカー・レースでコンロッドを破損している。

工学的に無理な設計を内に抱えながらも、1953年、DB3/Sは将来に期待を持たせる活躍をする。6月のブリティッシュ・エンパイア・トロフィーに優勝すると、シルヴァーストーン、チャーターホール、グッドウッド、ダンドロッドと連勝。このエレガントなスポーツレーシングカーは第1級の実力車に生まれ変わったことを関係者に知らしめた。

明けて1954年は、ワトソンがDB3シャシーに施した改良は当を得ていたにもかかわらず、ことごとく期待は裏切られ、惨憺たるシーズンに終わる。組織上、ワトソンはフォン・エーベルホルストの指示を受ける立場にあった。しかしこのワトソンという男、いささか片意地なところがあった。LB6のチーフ・エンジニアだったという自負もあった。確かにLB6は最終的に実用エンジンとして使えるものになったが、今日の目から見ると、諸手を挙げて賛成できる設計ではなかったことはすでに述べた通りだ。

ワトソンの失意を埋め合わせたのは、ラゴンダV12レーシング・プロジェクトだった。しかしそれはアストン・マーティンにとって高価な大失策となるプロジェクトになった。

V12エンジン計画

ワトソンは、LB6のコンセプトを発展させ、巨大な4¼ℓラゴンダV12レーシング・エンジンに進化させようと心に決める。この目論見は、フェラーリと渡り合える大排気量のレーシングユニットが欲しかったデイヴィド・ブラウンにとっても重要だった。鋳鉄ブロックのLB6は生まれながらに問題を抱えたエンジンだったことは述べたが、あろうことか、ワトソンは新型V12のクランクケースとベアリングサポートの素材に軽合金を使おうと決めた。

まだ致命的な欠陥が明らかになる前、DB3Sのシャシーは新型V12エンジンを搭載できるように全長が伸ばされ、着々と車の製作が進んでいった。エンジンに火が入るやいなや、軽合金のクランクケースは、7個のメインベアリングを支えた軽合金製の"ドーナツ(メタルハウジング)"と同じ速度で熱膨張していく……。一方、鋳鉄ブロックの熱膨張率は軽合金と同じではない。1基のエンジンの中で異なる材質が無意味なレースを始めていたのだ。結果として、ベアリングのクリアランスのみが拡大し、油圧を一定以上に保つことができないという致命的なトラブルが発生した。実戦に2、3度投入されただけで、このプロジェクトは瓦解した(ただしシャシーは後に復活する)。

想像どおり、このV12レーシング・エンジンには途方もない金が注ぎ込まれた。設計が定まらず、1基ごとにスペックが変わるので、その度に巨額のコストがかかった。1957年シーズンが終わった時のこと、アストン・マーティンのレース監督であるレジ・パーネルとブライアン・リスターとの間で交わされたやりとりが今に伝わっている。アストンはヨーロッパでは善戦していたが、国内レースではジャガーのエンジンを搭載するリスターが圧倒的に強く、アストンは1勝を挙げるのが精一杯だった。パーネルはリスターに、チームがどの位の年間資金でこのシーズンを戦ったのかと問うた。「そうだな。5000ポンドといったところかな」リスターの答にパーネルは我が耳を疑った。なぜならフェルタムではシリンダーヘッド1個に同額を投じていたからだ。

一方、DB3Sは困難なレースを1956年の終わりまで戦い抜き、その後をDBR1に託して役目を終えた。DB3Sのボディスタイルには4種類あり、総数で31台が製作された。ファクトリーの主力マシーンが次世代に移った後も、DB3Sはプライベートドライバーの操縦でレースに出場し、現在もヒストリックレースで活躍している。

DB3Sが真骨頂を発揮したレースは、出力ではるかに勝る相手を向こうに回し、しばしば勝利をものにするという展開だ。市販車に使うなら不足はないパワーはレースでは力不足だったが、コンパクトなボディと機敏な操縦性は美点だった。とりわけフェラーリやマセラティなど分が悪いエンジン出力の勝る相手には、優れた操縦性がそれを補った。DB3Sはアストン・マーティンが造ったなかで、最もバランスのよい車の1台である。

DBR1

後継車のDBR1は、社内エンジニアのテッド・カティングがほぼ一人で造り上げた。彼が開発作業に取りかかったのは1955年6月、翌56年のルマンに出場して20時間目まで走り続けたのは見事だ。かねてよりカティングは、アストンのレーシング・エンジンはボトムエンドを再設計して、プレーンベアリングに改めるべきだと考えており、1957年に実行した。

とりわけLB6のレース仕様であるRB6エンジンに、モーターサイクルの技術を取り入れたのはカティングの功績だ。グランプリの世界では、G.A.ヴァンダーヴェルがノートン・モーターサイクルから着想を得て、ヴァンウォール・エンジンを造ったが、カティングとそのチームはといえば、二輪メーカーのAJSの助力を得て、RB6エンジンを完成させた。RB6エンジンのカムシャフトはギア駆動で、すさまじいノイズを伴いながら、6500rpmという高回転まで回った。このエンジンは、当時のエンジン設計者にとってひとつの目標だったリッター当り100bhpをほぼ達成した。

DBR1に搭載されたRB6は、1959年、名手ロイ・サルヴァドーリの操縦により、デイヴィド・ブラウンが長らく待ちこがれたルマンの勝利をもたらし、同年併せてイギリス車として初めてのワールド・スポーツカー・チャンピオンシップをアストン・マーティンにもたらした。

Aston Martin
アストン・マーティンDB2/4 Mk Ⅱ

アストン・マーティン内部では、次第にDB2/4の外観を変えたいという欲求が膨れ上がっていった。ニューポート・パグネルに本拠を置くコーチビルダーのティックフォードを買収したことで、現実味を帯びた。

買収したティックフォードは、コーチビルダーの世界では羨望集める伝統を持っていた。サーモン(Salmon)の名前で創業したのは1820年と古く、自動車のボディ製作を手がけるようになったのは1907年である。市販車用のドロップヘッド・ボディを造らせたら、ティックフォードの右に出るものはないとの定評も得ていた。なかでもMGのシャシーに架装したボディはよく知られている。1940年には社名をサーモンからティックフォードに改め、1953年にデイヴィド・ブラウンが買収、ラゴンダの主な請負先としてボディを製作した。

ティックフォードによるデザインの変更

ティックフォードのデザイナーは、DB2/4のボンネットが長すぎるだけでなく、バタつくことにいち早く気づいていた。手始めに一体型だったボンネットとサイドパネルを切り離し、別個にマウントすることで、バタつきの大半を押さえた。これがMk Ⅱのはっきりわかる改良点で、他の部

DB2/4 Mk Ⅱサルーンのボディはティックフォードが製作した。装飾過多だとする意見もある。

分に大きな改良点はない。

DB2/4の室内は狭苦しく、後席は間違いなく窮屈だった。解決策としてルーフラインを1.5インチ（約38mm）高くしたが、辛くもこの車の美しさは保たれた。ルーフライン周囲に光沢のある金属ストリップが巡らされ、ボンネットのラインも変わった。果たしてこれらの変更で、DB2/4サルーンは以前に増して美しい車になったのだろうか。

ティックフォードはDB2/4サルーンのシャシーを使って、素晴らしく見栄えのするフィックストヘッド・クーペを創造し、35台ほど製作した。同じルーフラインを踏襲したドロップヘッドも12台製作した。同時代のラゴンダ3ℓとの共通性は明らかだが、今日の目からしてもこの上なく優雅な車として際だっている。

ワークスカーと、3台しか製作されなかった贅沢極まりない"スパイダー"を別とすれば、DB2シリーズのなかでもティックフォードがボディを架装したDB2/4のフィックストヘッドとドロップヘッドは現在きわめて人気が高く、エンスージャスト垂涎の的となっている。スパイダーを製作したのはミラノのトゥリングで、これ以降、10年間にわたって、アストンとトゥリングとの協力関係が続いた。

DB2/4 MkⅡの評価

これまで見て明らかなように、DB2/4 MkⅡは、DB2/4のスタイルを焼き直したモデルに過ぎない。よって、今後"偉大な名車"として歴史に名を残すことはないだろうが、それでも調子のよい業者は必ず不当に高い値をつけたがる傾向にある。もし、あなたが本気でDB2/4を捜しているのなら、MkⅡは最も値のこなれた狙い目のモデルだ。だが、滅多に売りに出ることはない。サルーンに限った話だが、需要が多くて品薄になっているのではなく、絶対数が少ないのだ。MkⅡは、デビューの舞台となった1955年モーターショーでは温かく迎えられたが、記録を見ると生産台数は199台に過ぎず、そのうち"普通の"サルーンでも135台しかない。

中古車を手に入れる場合、特定のボディカラーにこだわりすぎると選択肢が狭

Aston Martin DB2/4 Mark II
1955年10月-1957年8月

エンジン（標準仕様 VB6/J）：	
直列6気筒DOHC 鋳鉄ブロック	
ボア×ストローク	83 x 90mm
排気量	2992cc
圧縮比	8.16 : 1
キャブレター	1¾インチSU×2基
最高出力	140bhp／5000rpm
トランスミッション：デイヴィド・ブラウン製4段マニュアル 全段シンクロメッシュ式	
ファイナル・ドライブ	3.77 : 1（標準）; 3.5 : 1, 3.67 : 1 または 4.1 : 1（オプション）
サスペンション：	
フロント：トレーリングリンク／コイル	
リア：リジッド、パラレルアーム＋パナールロッド／コイル	
ステアリング：ウォーム・ローラー	
ブレーキ：	12インチ ドラム
ホイール：	6.00 x 16インチ
ボディ：セパレートスチールフレーム＋シャシー	
全長：	14ft 3½ in (4.36m)
全幅：	5ft 5in (1.65m)
全高：	4ft 6¼ in (1.38m)
ホイールベース：	8ft 3in (2.51m)
重量：	24.1cwt (1226kg)
最高速度：	117mph (188km/h)
0-60mph (97km/h)	約11秒
新車時価格：	2700ポンド
VB6/J L エンジン（スペシャルシリーズ）： VB6/Jを除く：	
圧縮比	8.6 : 1
キャブレター	1¾インチ SU×2基（ウェバー40DCO×3基 オプション）
最高出力	165bhp／5000rpm
生産台数：199台（ドロップヘッド24台、クーペ34台、ツーリングスパイダー2台を含む）	
シャシーナンバー：	AM300/1101 ～ AM300/1299

まってしまう。DB2/4にも同じ事が当てはまる。スタイル上の細かい部分さえ割り切ることができれば、MkⅡは堅実な造りの車だ。1950年代に造られたスポーティーサルーンで、しかも品質の高い車はおのずから実数が少なく、MkⅡもその例外ではない。なんと言ってもアストン・マーティンなのだ。私はボディから"光り物"を一掃してしまった個体を見たことがある。見せかけの装飾を取り去ってしまった方が、本来のプロポーションが際だち、目に心地よいと思った。このモデルでは一般的なステッキ型のパーキングブレーキ・レリーズが備わっていた。

エンジンは活発だ。標準仕様のVB6は初代DB2/4からそのまま受け継いでおり、出力も140bhpと変わらない。一方、大径バルブとハイリフトカムからなる"スペシャル・シリーズ"仕様も用意され、165bhpを発揮した。さらにオプションの3連40DCOウェバー・キャブレターを装着すると、トップエンドの吹け上がりが一層鋭くなる。アイドリングは不安定になるが、これはVB6の通弊だ。"トップスペック"の車は非常に速いが、市街地走行ばかりだとうんざりする。

ASTON MARTIN

Aston Martin
DB Mark III

アストン・マーティンDB Mk Ⅲ

「直線最後の1マイル、ジェームズ・ボンドはDBⅢを疾風のように走らせた。前方の小高い丘に備えてサードに、それからセカンドへ目にもとまらぬ早さでシフトダウンした。ロチェスターの市街に入ると渋滞に巻き込まれ、のろのろ運転を強いられた。フロントブレーキがベルベットのように柔らかく、鷲の爪のように力強くディスクを掴み、はやり立つ車を抑えつける。ツインエグゾーストが低くボッ、ボッという排気音を発して、エンジンが不平を漏らした……」

アストン・マーティン・ファンにはたまらない一節だが、全部が"Q"の創作ではない。フロントにディスクブレーキを採用し

DB3Sスタイルのグリルに注意。光り物を除けば、ボディの基本はMkⅡと同じ。当初は輸出専用だった。初代ジェームズ・ボンド・アストンとして映画"007ゴールドフィンガー"に登場、一躍有名になった。

34

6. ASTON MARTIN DB MARK III

たことで、DB2シリーズは劇的に進歩した。ブレーキもさることながら、広範囲に改良の手が及んだエンジンこそ、MkⅢを時代の先頭に押し上げた立役者だ。通常DBⅢという呼称は用いない。DB3といえば、フォン・エーベルホルスト設計のレーシングモデルを指す。

DB Mk Ⅲの評価

オリジナルのLB6エンジンが抱えていた欠陥を是正するため、タデック・マレックと、ハロルド・ビーチはかねてから改良に取り組んでいた。この作業が完成して、LB6積年の弱点はほぼ一掃された。2人は、エンジンのボトムエンドそのものを変えることはできず、従来と同じ"理解に苦しむ構造"を使わざるを得なかったが、これ以外の部分で大幅な改良を加え、奇抜なレイアウトによる弱点を大方、補正することができた。しかもDB MkⅢは目にも鮮やかなボディをまとっていた。

MkⅡの整合性を欠いたラインはすっかり姿を消し、ノーズもレーシング・アストンを再現した形状に改まった。整然とした、非常に統一感のあるデザインだ。計器ナセルの形状もラジエターグリルの輪郭を反復していた。これまでアストンのダッシュボードといえば、第一次大戦の戦闘機から移植したのかと思わせるほど、味も素っ気もないものだったのだ。

控えめなテールフィンは引き継がれたが、テールライトは縦に細長い新型に変わった。これはアルヴィスTD-TFシリーズと同じパーツだ。初期型MkⅢの一部にはMkⅡ用が用いられたが、記録をあたっても正確な台数は判然としない。

特によくなったのはエンジンだ。LB6エンジンのブロックは新型に変わり、呼称もDBAシリーズと改まった。ブロックはクランクともども従来型より剛性が増し、吸気系は標準スペックでも従来と比べ大きく改善された。

こうした改良の結果、標準仕様の出力は160bhpに向上し、オプションの高性能仕様では214bhpを謳った。この数字を額面どおりに受け取るかどうかは読者にお任せするが、MkⅢはこれまでアストン・マーティンが出した最良の市販車だっ

Aston Martin DB Mark III
1957年3月–1959年7月

エンジン（標準仕様 DBA）:
直列6気筒DOHC 鋳鉄ブロック

ボア×ストローク	83 x 90mm
排気量	2922cc
圧縮比	8.16:1
キャブレター	1.5インチ SU×2基
最高出力	162bhp／5500rpm

トランスミッション:
デイヴィド・ブラウン製4段マニュアル 全段シンクロメッシュ式
ファイナル・ドライブ　3.77:1（標準）; 3.5:1, 3.67:1 または 4.1:1（オプション）

サスペンション:
フロント：トレーリングリンク／コイル
リア：リジッド、パラレルアーム＋パナールロッド／コイル
ステアリング：ウォーム・ローラー

ブレーキ:	前ディスク／後ドラム
ホイール:	6.00 x 16インチ
ボディ:	セパレートスチールフレーム＋シャシー
全長	14ft 3½ in (4.36m)
全幅	5ft 5in (1.65m)
全高	4ft 6½ in (1.38m)
ホイールベース:	8ft 3in (2.51m)
重量:	25cwt (1,271kg)
最高速度:	117mph (188km/h)
0-60mph (97km/h)	約11秒
新車時価格:	3000ポンド

DBB エンジン（オプション）:DBAをのぞく:
圧縮比	8.6:1
キャブレター	35mmウェバー×3基
最高出力	195bhp／5500rpm

DBC エンジン（オプション）:DBAをのぞく:
圧縮比	9.1:1
キャブレター	45mmウェバー×3基
最高出力	214bhp／5500rpm

DBD エンジン（オプション）:DBAをのぞく:
圧縮比	8.6:1
キャブレター	1.5インチSU ×2または3基
最高出力	180bhp／5500rpm

生産台数：551台（ドロップヘッドクーペ84台とフィクストヘッドクーペ5台を含む）

シャシーナンバー：AM300/3A/1300 ～ AM300/3/1850

ASTON MARTIN

MkⅢのフロントはDB3Sコンペティションカーのデザインモチーフを踏襲している。

たことに異論の余地はない。レースからのフィードバック、弱点を徹底的に改めようとする設計陣の集中力、豊富な資金。この3点が当時のアストン・マーティンには揃っていた。この3要素がどれほど車を進歩させるのか、標準の2.6ℓDB2/4とMkⅢを乗り比べてみると如実にわかる。MkⅢは洗練された高速グランド・ツアラーだ。しかも申し分なくエレガントで、総合力ではジャガーXK140を凌ぐとは言わないまでも、肩を並べる車である。オプションのディスクブレーキも悪くない。ビーチとマレックはオリジナルのLB6エンジンが抱えていた欠陥を一掃してくれたが、

皮肉にもその結果、このディスクブレーキが不満の種となってしまった。DB MkⅢでパニックブレーキを踏むときは、決意をもって行うように。

DB MkⅢも第1世代DBモデル同様、非常に数が少なく、全生産量は551台に過ぎない。MkⅢは、ほぼ6カ月にわたってMkⅡと並行生産されたあとで、ようやく生産が一本化された。ところが、これからという時に、アストンは本命のDB4が出番を控えていることを発表する。これではメーカー自身がMkⅢは買い控えろと言ったようなものだった。

DB2シリーズが生産された9年間を振

り返って見ると、多くの点で驚くべき車だったと思う。スペックだけを見ても、それぞれの段階ではるかに時流に先んじていた。全輪に採用したコイルスプリングは一例だ。大多数のメーカーは、1960年代中盤までリーフスプリングから訣別できずにいたのだ。ボディの高い工作精度は今日なお模範とするに足る。アストンは保守的なイギリスの自動車産業界にあって柔軟な設計思想を貫いた。例えば当時革新的だったハッチバック・デザインがそうだ。やや変種と言うべきDB2/4 MkⅡだけは当てはまらないかもしれないが、シンプルなラインで構成されたボディは今なお見る者の目に心地よい。

レースが育てたDB Mk Ⅲ

LB6エンジンの最終型にも触れておこう。MkⅢに搭載されたDBシリーズは工学的見地から本当によくできたエンジンで、元になったエンジンとは次元を異にする良質な設計に生まれ変わっていた。長距離耐久レースから得た教訓は生産車に直接応用することが可能で、しかもきわめて即効性の高い効果があるものだが、このエンジンはその好例だ。

短時間の内にこれだけの製品開発をやってのけたのは少量生産メーカーならではのメリットだが、アストンの場合は熱心な顧客層とアマチュア・レーシングドライバーが味方した。アストンのような車を買おうという人は、金は掛かっても冒険的な先進技術を歓迎したのだった。アストン・マーティンは代々、顧客層に恵まれてきたメーカーで、こうした関係が土壌となり、数々の成果が生産車に活かされた。膨大な研究開発費を掛けるまでもなく、顧客からの声として次なる要改良点がいち早く設計陣に寄せられたのだ。

巨大な"火の玉エンジン"などなくても、普段は実用に供し、週末はレースに出場できる車が造れることをDB2シリーズは身をもって示した。最新技術を投入したシャシー、静的にも動的にもバランスの取れたパッケージ、ドライバーのミスに寛容な懐の深さ、こういった要素の方がはるかに実践的だ。リンドン・シムズは、4年物のDB2を駆って1956年のRACラリー

あるDB Mk Ⅲにまつわる思い出

これは車の売買にまつわるストーリーだ。私はMkⅢをそれまで1台も所有したことがなく、残念に感じていた。確か1988年のある月曜、ロンドンの一角をふらついていると、オールドカーの有名な業者の前でかなり程度のよさそうなMkⅢがトレーラーからおろされていた。

とても日差しの明るい日だったので、その車が珍しいまでに無改造なのが分かった。それに好きなガンメタリックだった。近寄ると、内装は若干、素人の手が入っているようだ。しかしフェルタム時代のアストンの内装はシンプルそのものだからあまり気にならなかった。

話を聞くと、南アフリカから入庫したばかりの車らしい。さっそく一回りさせてもらったところ、クラッチはもう寿命だったが、エンジンには問題なかった。張り直した内装材はアンテロープという絶滅寸前のアフリカ牛の革を使っていたが、これは正式なルートからはずれた方法で手に入れたのだろう。作業をしたのはジンバブエの白人農園主で20年あまり所有していたという。タイアは知らないブランドがついていた。そこでクラッチとオイルを交換し、新品のダンロップに履き換え、その週の金曜日にナンバープレートつきで納車できるか尋ねた。

ディーラーは「まったく問題ないですよ」と返事した。確か3万4000ポンドで手を打った。工賃と車両代の手付として小切手を店主に渡し、その場を後にした。

約束の金曜日、小切手を手に件の業者に赴いた。私の車が店の前に停めてある。正直、すごく格好良く見えた。車の周りに小さな人だかりができていた。私が店主に小切手を渡し、譲渡証明にサインしようとしたその時、小さな咳払いが聞こえた。そして店主が耳元で信じがたい一言を囁いた。「あなたの車を買いたいという人がいるのですが」

なんの下心もなく、いくらを提示しているのか尋ねると、4万7000ポンドと言うではないか。こちらを話に引き込む絶妙な線で、少なくとも5万ポンドまでは出す気

がありそうだ。店主が面目丸つぶれという顔をしているのも不思議ではない。よくよく車を見直すと、第一印象ほどいい車ではなかった。私は店主が返してよこした小切手をズボンのポケットにしまい込み、さらに店主が切った差額分の小切手を受け取った。工賃は引かれたとはいえ、4日間で1万3000ポンドの臨時収入になった。ほんの2、3年前なら、この差額だけで地球上で最も状態の良いMkⅢが買えただろう。

正直に言えば、これまでアストンの購入に際してはずいぶん高い"授業料"を払わされてきた。あの臨時収入で、その一部を取り返すことができたのは否定しないが、この話はそれを言いたかったのではない。私自身、あの有名業者の作り話に乗り、2000ポンド、あるいは3000ポンド、余計な金を巻き上げられたのかもしれない。しかし連中にとってはそれがビジネスなのだ。あの一件で、店主自身も私に劣らずびっくりしたのは間違いない。もとより店主はMkⅢの受給バランスも、私がアストンには一家言あることも知っている。それを踏まえて売値をはじいたのに、店主が目論んだのとは桁違いの金をこの私が手にすることになった。私に提示した売値が"間違い"だったその事実に、プロとして店主は面食らったのだ。そんなことがあって2週間後、古い車好きが集まるパーティーでこんな"業界の秘密"を打ち明けられた。こういう札束に物を言わせた衝動買いは、今までなかったという。これが古い車の価格急騰の引き金になるなら、価格暴落も同じくあり得るだろう。件の一件でオールドカー業界は一様に神経を尖らせた。古い車の取り引き市場は、ババ抜きとイス取りゲームが交錯する十字路になりつつあるという。

ビジネスとしてのオールドカーの販売は今も続いている。あの時、私は欲を出してあのMkⅢを見送ってしまったが、しかし今でもMkⅢを自分のものにしたいという気持ちに変わりはない。

ASTON MARTIN

6. ASTON MARTIN DB MARK III

左ページ上：MkⅢのリアはアルファ・ロメオに一脈通じる。こちらの方が大柄だが。

左ページ下：ソフトトップを上げると、プロフィールはクーペと同じになる。

に優勝し、実証してみせた。

　DB MkⅢは、DB2シリーズのなかで最も心地よいモデルだと思う。ただ速いだけではなく、高速で安定している。ハンドリングは秀逸、ブレーキに癖はなく、エンジンはドライバーを奮い立たせる咆哮を発する。サーキット生まれの技術をそのまま受け継いだエンジンだ。ボトムエンドの奇妙な構造を別とすれば、レーシングカーの新技術を潤沢に取り入れている。それにワトソンとベントレーの共作をベースにアストンが磨きを掛けた、唯一のエンジンだ。

　アストン・マーティンはLB6エンジンの持つ問題を解消できたことを大いに喜び、ユーザーが途方にくれるほど盛りだくさんのチューニングオプションを用意した。排気量の拡大は400ccに過ぎないのに、今や標準型でも出力は50%向上して160bhpとなった。DBC"コンペティション"チューンというのもあり、3基の大径ウェーバーと高圧縮比で214bhpを標榜した。こうなるとやり過ぎであることは否めず、このチューンのエンジンはほとんど組まれていない。長年にわたってモーターレーシングに多大な金を投じることは真摯なメーカーにとっては遊びではなく、研究開発としての投資である。MkⅢはこの言葉通りを実践した好例だ。LB6と、そこから派生したRB6はサーキットで圧倒的な強さを発揮、1957年登場のMkⅢにはここから得たノウハウがいかんなく活かされていた。高価な車だが、アストンはレースに膨大な費用を投入していたのだから仕方がないことといえよう。

　一見したところ、中身が詰まっているように見えるし、実際先代から比べると重量も増えているのだが、DB MkⅢは敏捷な車だ。私が乗った個体ではステアリングのバランスもよく取れていた。それでもしばしば舵が重い車との評価を聞く。確かに、駐車時の切り返しなどでは軽くはないが。

　DBシリーズに共通することだが、この車が全身から発するオーラは見る者に強く伝わる。ダッシュボードは一気に現代的になり、機能的にも優れ、このデザインパターンはDB4でも反復されることになる。計器類は今日の標準をもっても完備している。ペダルはしっかりした反力を足に伝え、ドライバーに安心感を与える。

　走り出すと一層身軽になる。走り始めてしばらくは、ギアを次々にシフトアップする際、油圧に目を光らそう。乗ってみれば、すぐに吸排気ポートとマニフォールドが改良されたことが分かる。このエンジンになってからスロットルレスポンスが向上した。2系統エグゾーストにほとんど消音効果はない代わり、胸の空くような快音を発する。巨大なボンネットはやはりわずかながら振動するし、ダッシュ下の非常に大きなレリーズレバーからも小さいながらきしみ音が聞き取れる。

　最高速は、ほぼXK150級だ。ヒーレーに比べ加速力で勝り、比較にならないほど洗練されている。薄いバケットシートは身体にぴたりと馴染み、ペダル位置も申し分ない。ノイズさえ我慢できれば、長距離の旅に絶好の車だ。オーバードライブが装備されるので、余計その感が強い。ギアボックスはすでにお馴染みのデイヴィド・ブラウン自製の頑丈なユニットが司る。ジャガーが初期のEタイプに採用したモス製ユニットより一日の長があるのは間違いない。もっともモスより劣る製品は滅多にないのだが。

　MkⅢは発表時、3000ポンドを超えるイギリスで最も高価なスポーツサルーンだったのだから、良くて当然なのかもしれない。この車は純然たるスポーツカーではなく、コンセプトはあくまで良質なスポーツサルーンで、足の長い高速ツーリングカーだが、短距離スプリントもよくこなす。狭い2級道を高速でひらりひらりと駆け抜けるのが得意な一方、のんびり流すのも一興だ。MkⅢは優れたオールラウンドプレーヤーであり、アストン屈指の秀作である。

DB MkⅢのテールライト。スイスのコーチビルダー、ヘルマン・グラバーがデザインしたアルヴィスや初期型DB4にも用いられた。

39

MkⅢドロップヘッドの操縦席。メーターナセルはフロントグリルの外形を反復している。このデザインモチーフはDB6まで継承された。

DB MkⅢに乗る

　私はミスター・ゴールドストーンに押しやられるように、リアシートに我が身を収めた。カビたカーペットが放つ異臭と、燃えたオイルが混ざった濃厚な臭いに頭がクラクラする。バッテリー液の臭いが鼻を突くし、どこかで配線が焦げているようだ。乗る前までは飛び抜けて速い車だと思いこんでいたが、現代の標準からすればそれほどでもない。今乗ると、騒音が災いして荒々しく感じる。一方、操縦している実感を味わわせてくれる車だ。3ℓもある重量級を、田舎道で疾走させる。自分でもこんなに飛ばす意味はないとわかっているし、わがままな真似と言われれば返す言葉もないが、これが実に気分よろしい。限界はかなり早い時期にわかる。だがドライバーのミスに寛容な懐の深い車だ。ジョン・ワイアはMkⅢを急場しのぎと考えていたようだが、なかなかどうして良くできた車だ。

　第1部を結ぼう。第1世代のアストンに乗ると、1940年代後半の記憶が蘇る。まず強みを列挙してみよう。構造が強靱。主要な機構も、メンテナンスさえきちんと行っていれば今でも信頼するに足る。同年代のどの車と比べても造りの良さで引けはとらない。DB2シリーズは進化するたびに良くなっていったのだ。DB MkⅢはDB2シリーズのベストだが、XK150はXKシリーズのベストではないし、V12はEタイプのベストではない。イギリス車ではモデルが進むごとに進化する例は珍しいのだ。

　弱点を述べる。有り体に言って古い車にはどれにも当てはまることばかりだ。モーターウェーに乗るとローギアード気味だ。いつもエンジンの状態が気になる。

6. ASTON MARTIN DB MARK III

この車が誕生してから50年の間に蓄積されたノウハウを駆使して、上手にリビルドしたエンジンは新品のときよりずっと調子がいいはずだ。オイルが果たす役割はとりわけ大きい。いつの時代もそうだが、メカニックの腕しだいでコンディションは大きく変わる。改良部品は大量に出回っているので、それを腕のいいメカニックが上手に使いこなせば、この車に嫌気が差すことはないはずだ。

言うまでもないが、走らせればあらゆる点で古さを感じる。セパレートシャシー、役に立たないワイパー、やかましいエンジン。これを魅力と思うか、単なる懐古趣味と捉えるかは個人の考え次第だ。ハンドリングは秀逸で、侮れない速さを誇る。しかし続けて2時間も走ると、自分がどんな車に乗っているのか身をもって知ることになるだろう。

3連SUキャブレターを装備したMk Ⅲ。

Aston Martin DB4

第2部 デイヴィド・ブラウン時代：第2世代
アストン・マーティンDB4

DB4は市販型アストン・マーティンとしては初の完全な戦後モデルである。強靭にして速く、ドライバーの意のままに操ることができる。アストン・ブランドに独自のキャラクターを植え付けたのは、このDB4に他ならない。しかしDB4がその姿を現わすまでには長い時間を要した。

プロトタイプの完成

DB2シリーズの後継車造りを目指してスタートしたDP（Development Project）114は、ペリメーター・フレームのシャシーにフランク・フィーレイのボディを載せる計画で1955年5月に製図が出来上がった。1956年、エレガントなDB2/4"スパイダー"として実を結んだアストンとトゥリングとの関係で、次世代のデザインもトゥリングにまかせることで合意がなされた。新型アストンには力感とエレガンスが不可欠だったが、DP114のスタイルにはそのかけらもなく、"幸いなことに"このプロジェクトは開発段階で表舞台を退き、過去の1ページとなった。1956年後半、DP184がこれに取って代わり、翌57年9月にはプロトタイプが完成した。

DB4の大柄なシャシーフレーム。スーパーレッジェラ工法のチューブに注意。この上に軽合金製薄型パネルを貼る。

7. ASTON MARTIN DB4

新しいエンジン

　開発スピードが速いレース界では、ベントレーとワトソンが共同設計したエンジンが抱える本質的な弱点の改良作業がアストンの足を引っ張っていた。ウィリー・ワトソン、タデック・マレック、ハロルド・ビーチはエンジンの改良作業に取り組み、大いに実効を上げた。ブロックそのものを設計し直し、排気量をほぼ3ℓまで拡大し、出力もやや苦しいながらオリジナルの2倍近くまで増強した。しかしこれが限界であることも明らかだった。アストンには新しいエンジンが必要であり、DP186がスタートした。

　ダデック・マレックがオースティンからチーフ・エンジニアとしてアストン・マーティンに迎えられたのは1954年のことだ。ポーランド生まれのマレックは、オースティン時代は主に重車両に携わり、センチュリオン戦車のエンジン設計メンバーを務めた才能豊かな技術者だ。新時代のエンジンを造りたいという信念を持ったマレックは、見事デイヴィド・ブラウンの期待に応えてみせた。

　マレックは、ロングストロークであったLB6の排気量の拡大で学んだ教訓を充分に活かし、将来、3ℓ以上の排気量に拡大することを見越してボトムエンドを設計した。6気筒DOHC、鋳鉄ブロックで排気量が3ℓという新型エンジンは、高性能エンジン設計の定石に忠実にプレーンベアリングを採用したので、7ベアリングとするスペースが生まれ、巨大なレイストール製クランクシャフトも楽々と支持することができた。これでショートストロークのまま、比較的容易に排気量を拡大できることになった。

　鋳鉄ブロック、軽合金ヘッド、2本のカム。こう書くとまるでジャガーのようだが、アストン・マーティンにはレースで鍛えられた独自のノウハウがあった。しかも高級スポーツサルーンには、3ℓが絶好の排気量であるという見識もあった。アルヴィス、ジャガー、フェラーリも3ℓが主力だ。アルヴィスは上品だが、動力性能がおとなしい。フェラーリは確かに速いが荒削りだ。ジャガーは結局のところ大量生産車で、スピードは出るけれども、一部の顧客層はその"出自"に眉をひそめ、本当の趣味人が乗るにはやや演出過剰だ。アストン・マーティンは各ブランドの隙を縫って、自らの将来を拓こうと

Aston Martin DB4 Series 1
1958年10月-1960年2月

エンジン：
直列6気筒DOHC軽合金ブロックおよびヘッド

ボア×ストローク	92 x 92mm
排気量	3670cc
圧縮比	8.25：1
キャブレター	2インチ SU×2基 シングルプラグイグニション
最高出力	240bhp／5500rpm

トランスミッション：
デイヴィド・ブラウン製4段マニュアル ソールズベリー製ハイボイドファイナルドライブ 3.54：1　その他のレシオはオプション

サスペンション：
フロント：ダブル・ウィッシュボーン／コイル、アームストロング製テレスコピック・ダンパー、スタビライザー
リア：リジッド、トレーリングアーム、ワッツリンク／コイル、アームストロング製レバー式ダンパー

ステアリング：ラック・ピニオン

ブレーキ：全輪ダンロップ製ディスクブレーキ、ロッキード製バキュームサーボ

ホイール：
16インチ ダンロップ製センターロック式ワイア；16インチ ボラーニ製（オプション）

タイア：6.00 x 16インチ クロスプライ

ボディ：2ドア4座席。スーパーレッジェラ工法。ハンドメイドによるマグネシウム-アルミニウム軽合金ボディ、オールスチール製プラットフォームシャシー。

全長：	14ft 9in（4.5m）
全幅：	5ft 6in（1.68m）
全高：	4ft 3½ in（1.31m）
ホイールベース：	8ft 2in（2.49m）
重量：	26.79cwt（1362kg）
最高速度：	約140mph（225km/h）（最終減速比による）
新車時価格：	4000ポンド（発表時）

生産台数：
シリーズ1	149
シリーズ2	349
シリーズ3	164
シリーズ4	314
シリーズ5	134
合計	1110

およびプロトタイプ2台、DP184/1、2

シリーズ2～5に関する改良の詳細については50ページの「DB4の進化」を参照。

ASTON MARTIN

DB4のごく初期型。軽量バンパー、等間隔に仕切ったグリル、初期型のボンネットスクープ。シリーズ1のなかでも最初期型たる特徴だ。隣に並んだDB MkⅢと比べると、2車の間にあるデザインフィロソフィーの根本的な違いがはっきりわかる。

考えた。そこには決して大きくはないにせよ、確かな需要があった。

当初、3ℓの目標出力はチューニングなしで180bhpとされた。DBAやDBCシリーズなど高度なチューンを施されたユニットがこれを優に上回る出力を実際に出していたことを考えると、この目標出力は達成されていたと見ていいだろう。

戦後の混沌とした時期と違い、ガソリンのオクタン価も明示されるようになり、時代はロングストロークから、高いオクタン価が求められるショートストロークが主流となりつつあった。1950年代中頃の5スター・ガソリンのオクタン価は101前後(訳注:日本のJIS規格では、ハイオクガソリンは96RON以上)、これならマレックのエンジンも問題なかった。

軽合金ブロック

DB4のエンジンブロックが軽合金製となったのは偶然によるものだった。当初は鋳鉄ブロックを前提に設計されていたが、下請けの鋳物工場発注したところ、戦後、一気に膨らんだ需要で工場が手一杯で、鋳鉄の作業場所がないが、軽合金を加工する場所なら確保できるという。そんな経緯からブロックを軽合金製にすることが決まったが、マレックはこれには及び腰だった。果たして開発中に厄介な問題が続出し、マレックは少なくとも当面はレースに使うべきではないとの姿勢を貫いた。

軽合金ブロックのエンジンでは、素材固有の熱膨張率の違いに起因する問題を本質的に解決する策はない。唯一、熱が軽合金に浸透するスピードを遅らせるというのが現実的な対症療法として用いられている。ブロックがある時間内、ある程度の温度域に収まっていてくれれば、その間にエンジン内部の鉄を素材としたクランクやコンロド、ライナー、バルブギアが固有のペ

44

7. ASTON MARTIN DB4

ースで暖まるというわけだ。これなら2種の異なる金属が接合する部分のクリアランスをコントロールし、悲劇的な結末を回避できる。

古いLB6エンジンが鋳鉄ブロックであったにもかかわらず、内部配管にトラブルを抱えた原因は、クランクシャフトを支持するドーナッツ状のメタルハウジングを軽合金としていたからだ。また、ベアリングを内包するこのドーナッツ型ハウジングのクランクシャフト支持部分の剛性が不足していたのも原因の一つだ。

だから、マレックが自分の直列6気筒には潤沢なオイル容量を確保し、油圧を高く設定したのは当然だった。耐久レースで

は、膨大なストレスが軽合金ブロックのエンジンに掛かる。マレックが神経を尖らせたのも理解できる。その判断には正しい部分と、そうでない部分があった。

1960年代、XKエンジンの軽合金ブロック・バージョンをレースで走らせようとしたジャガーも、同じ問題に直面することになる。オイル技術の進歩がエンジンの要求に応えられるようになったのは、比較的最近のことで、それまではレース仕様はもちろん、生産型でも鋳鉄ブロックに固執したのはこのためである。合成オイルと添加物が進歩したおかげで、昔のエンジンもようやく本来の性能を発揮できるようになった。もちろんアストン・マーティンにも有効で、安心して日常的に乗れるようになった。

さっそく販売促進のために、新型軽合金エンジンを使ったコンペティションカーが製作された。排気量を3.9ℓに拡大し、キャブレターをウェバーに換装したDBR2スポ

写真のDB4 257Rはメーカーのデモカーで、テスト用に『The Motor』誌に貸し出された車そのもの。シリーズ2モデルだ。ボンネット上のスクープの形状が変更になったほか、頑丈なバンパーに注目。

DBR2

膨大な開発費用を要したラゴンダV12用レーシングシャシーは、アストン・マーティンのレース部門ワークショップで、長い間誰にも顧みられることもなく放置されたままだった。エンジンは、1956年に見切りをつけられてしまったが、ウィリー・ワトソンのシャシーは開発を進めれば将来がありそうだった。タデック・マレックはその前の年から新しい直列6気筒の開発を始めていた。設計者のマレックはレース投入に必ずしも賛成ではなかったようだが、この直列6気筒をラゴンダのフレームに搭載して、ポテンシャルを探ろうという意見が大勢を占めた。これがDP186レーシングカー・プロジェクトである。DBR1はすでに走り始めていたから、新型レーシングカーの呼称はDBR2となった。

この車には様々なエンジンが搭載された。世界耐久スポーツカー・チャンピオンシップの掛かったレースでは排気量は最大3ℓに制限されていたが、トップクラスのクラブイベントで行われた排気量無制限のレースに出場することで、DB4用のエンジンは実戦に即した開発が進んだ。アストン・マーティンがジャガーXKに挑戦できたのは、このエンジンの3.7ℓ版が実戦に投入されてからだ。

ジャガーは1956年末をもってレースから撤退し、これ以降、ケンブリッジに本拠を置くリスターがジャガーに代わりレースを行った。XKエンジンを搭載したリスターは、アーチー・スコット・ブラウンの操縦により破竹の勢いで連勝を重ねた。

アストン・マーティンは1957年シーズンを通じてリスターに苦杯を飲まされ続けたが、同年9月のシルヴァーストーンでサルヴァドーリが良きライバルに辛勝、ようやく一矢を報いる。

DBR2の外観はDBR1とよく似ているが、中身はまったくの別物だ。DBR2がワトソン設計のラゴンダ用シャシーを僅かに改造して用いているのに対して、DBR1はカティングの作品である。

R.S.ウィリアムズ・ライトウェイトDB4

DB4のような高性能車をさらにチューンするなどの行為を冒涜だと感じた人は多かったことだろう。一方、チューニングは単に資金の問題に過ぎないという人も、あるいは超高性能DB4を待ちこがれていた車だという人もいた。受け取り方は様々だったが、DB4GTに触発され、自分の車にレースを前提とした改良を施したいと望む愛好家は少なくなかった。DB4GTはごく少数しか造られなかったことで価値は上がるばかりとなり、実戦に投入できる車ではなくなってしまった。アストン・マーティン・オーナーズ・クラブ（AMOC）でも血の気の多い連中がチューンしたDB4は、同クラブが開催するイベントでは、事実上敵なしの強さを誇るまでになり、AMOCもチューンドDB4が活躍しやすいスプリントレース、ヒルクライム、短距離サーキットレースを上手に組んでいた。

リチャード・スチュワート・ウィリアムズは、AMOCとは別の観点からDB4の実力を引き出した。若い頃フェルタムでアプレンティス時代を過ごし、ピーター・セラーズと金銭を抜きにした親交を結ぶようになると、独立してビジネスを始めた。場所はブリックストン、パットフィールド・ロードの鉄道の高架下である。私はエンジンレスのDB4に載せるため、ウィリアムズからエンジンを1基買ったことがある。彼はアストンの知識に関しては他の追従を許さぬ人物で、ロンドン地域のクラブメンバーから、自分の車はウィリアムズにしか触らせないという熱狂的な信奉者を多数生んだ。当時のワークスはDB4/5/6のオーナーによるレース活動に積極的ではなかったのだ。

DB4GTで実施された改良を、そのままDB4に再現すれば軽量化を図れるはず、これがウィリアムズのアイディアだった。ただDB4GTとは違い、ホイールベースは元の長さを守った。改良項目は多岐に渡る。ジョン・ゴーテのレーシング"4GT"を準備したウィリアムズは、公道用にしては極めて極端な改良も辞さなかった。ウィリアムズが手がけたDB4は15台に上るが、どれにも本人の主張が強く込められている。

DB4GTよりはるかに軽量で、ワークスが数年前に行ったのと同様にボアを拡大して排気量を4.2ℓとし、サスペンションのジオメトリーも根本的に改変してある。レース専用シート、ロールケージ、大径のストレートエグゾーストなど、どう見ても市販車の面影はない。しかしウィリアムズは、おおよそ顧客の望むとおりの俊足DB4が製作できることを証明してみせた。私はDB4オーナーの1人としてほくそ笑んだ。いつかはウィリアムズ・チューンのDB4が欲しいと……。

ウィリアムズによって、DB4の速さに新たな基準ができてしまった。クラブレース関係者の一部から、抗議の声が挙がった。しかし現代の車がレースの技術から学び取ることができるのと同様、古い車も現代のレースから学ぶことができることは明らかだった。ウィリアムズの車はどの基準をもってしても安くはないが、この車には膨大なノウハウを1台に凝縮してあり、オーナーはその成果を労せずして享受できるのである。

ライトウェイトDB4 "クラブレーサー"。スラックストンにて。スペシャリスト、R.S.ウィリアムズがチューンしたマレック・エンジンは、オリジナルのエンジンが発生する出力を軽々と凌駕した。

7. ASTON MARTIN DB4

写真のDB4はレストアを受けた個体で、オーバーライダーを省いたバンパー、ボンネット上の大型スクープ、シンプルなグリルがよくわかる。

ーツレーシングカーだ。マレックの不安をよそに、アストン・マーティンDBR2は、初戦となった1958年4月7日のグッドウッドのレースで優勝を果たした。

DB4エンジンは非常に優れていたが、細部に詰めの甘い部分もあった。マニフォールドとポートの位置関係が精密に一致していないため、混合気が滑らかに吸入されなかったのだ。また、ヘッドガスケットから漏れたオイルがタイミングカバー前部を汚した。後者は些細なことかもしれないが、オーナーにとっては腹立たしいし、事情を知らなければこれだけで失望してしまう種類のトラブルだ。幸いにも、どれも今日の技術をもってすれば解決できる。簡単な手直しをした上で、入念に組み直すだけで、300bhpは容易に達成可能だ。B4のエンジンをボア・ストロークともに拡大、5.5ℓから450bhpを発生させた度胸のあるレース好きのアマチュアもいる。

シャシー

DB4のシャシーは大柄である。だがそれ自体が非常に強靭であるために、ボディを軽量化することができた。当初の計画では、DP114タイプのフレームを使うことになっていたが、ボディデザインを担当するミラノのカロッツェリア・トゥリングから待ったがかかった。

「我々が造る軽合金製のボディは鋼管が支えるのであって、そのためには適切な構造支持物が必要である。ボディ製作は我々の専門だ。だから造るまでもなく、このフレームではうまく行かないのがわかる」との答えだった。

トゥリングは、直感で角形断面のチューブで構成するDB2/4のシャシーでは剛性が不足することを感じ取り、急遽、DB4専用の新シャシーを製作することになった。時間に追われた設計陣は"後で後悔するより先に用心する方がいい"との諺に従っ

47

ASTON MARTIN

て、強度計算が求めるより若干強靱に仕上げることとし、強度の不安は一掃された。結果、このシャシーは細部の変更を受けながら、実にヴィラージュに至るまで、ほぼ同一のまま使われることになる。この事実は、ビーチが核心となる部分で論理に忠実な作品を造ったことを物語っている。

フロアパンはスチール製（18ゲージ）で、強度を高めるためにプレスでスエージ加工を施しており、さらに左右サイドシルとして、高さ6インチ（約152mm）の箱形断面補強材がMIG溶接されている。後部には後席や燃料タンク、リアサスペンションを支持するための複雑な形状のユニットがつく。素材は鋼板（16ゲージ）の内板に、鋼板（18ゲージ）を貼り合わせたものだが、この部分は錆に弱い。フロント側は1/8インチ（3.2mm）厚の鋼板から組み立てた、きわめて強靱なクレードルがエンジンとランニングギアを保持している。このクレードルが箱形断面のチューブ（16ゲージ）を介してバルクヘッドと連結している。

シャシーは、ウェスト・ヨークシャー州ファーズリーにあるデイヴィド・ブラウン所有のトラクター工場で製作され、その旨のプレートが貼ってある。

スーパーレッジェラ工法のボディ

この工法の核心部分はボディを支える骨格にある。スチール製（18ゲージ）の5/8インチ（15.9mm）径のチューブが車の輪郭を形成している。ケージの剛性は非常に高く、スペースフレーム的な役割を受け持っている。この車が強靱なのはシャシー自体の剛性が高いからだ。

ボディパネル（16ゲージ）は、アルミとマグネシウムからなる軽合金製だ。プレスマシーンで大まかに成型した上で、職人がローラーやハンマーによって形を造っていき、シャシーと結合する。あらかじめスチール製ケージに折り重ねたスチールに穴を貫通させた接合パーツを溶接しておき、この接合パーツを介してボディを被せていく。こうしてウィンドシールド、ボンネット、トランクリッド、ドアの輪郭ができる。ケージ全体にはノイズの遮断と絶縁体としての機能を狙って布テープが巻いてある。だがこの布テープが水分を含むと電気を容易に通し、軽合金製ボディパネルとスチール製のケージは化学反応を起こし、最悪の事態となる。もしテープが湿っていたら要注意だ。

スーパーレッジェラ工法はイタリアを代表する優れたボディ構築方法だが、時間と

DB4の簡潔なデザインは横方向から見ると際立つ。

7. ASTON MARTIN DB4

金の掛かる工法でもある。この特許を所有していたトゥリングは1966年に倒産した。

トゥリングから特許使用の許可を得たアストン・マーティンは、ミラノのトゥリングの工房にボディを生産委託するのではなく、英国の自社工場（当初はフェルタム、後にニューポート・パグネル）で製作にあたった。

ボディ・デザイン

トゥリングのチーフスタイリストであったカルロ・フェリーチェ・ビアンキ・アンデルローニがまず提示したスケッチには、かつてのDB2/4 "スパイダー"に用いた表面的な細かいデザイン技法が多数取り入れてあった。これらの装飾は生産化を前に整理された。また、最初のスケールモデルではフロントが "ベドフォード・バン" のようであり、テールライトも煩雑だったが、全体のプロポーションに変化はなかった。

DB4のデザインはビアンキにとって一番の傑作といえよう。アストン・マーティンのあるべき姿を正しく理解していたビアンキは賞賛に値するが、有能なる助手であったフェデリコ・フォルメンティの手腕も忘れてはならない。

新世代のアストン・マーティン

DB4から始まる新世代のアストン・マーティンは、"ゴールドフィンガー世代" に強烈な印象を残した。その影の立役者がハロルド・ビーチだ。その強靭なシャシーなくして、コンパクトかつ重量感のあるボディは成り立たなかっただろう。アストンはスピードではもちろん、ライバルに対し安全性でも優位に立った。「しかし独創性に満ちた車じゃないな」読者のそんな声が聞こえそうだ。「オーバーエンジニアリングではないか」その点はほぼ疑問の余地なしだ。

DB4は現代のヒストリックカーレースで最も人気がある。この車でレースに出ようというオーナーは、安全性を犠牲にすることなく、大幅な重量を削ぎ落とすことが可能

DB4のエレガンスはルーフを取り払ってもいささかも失われなかった。ボディ剛性は少し犠牲になったが。

DB4の進化

シリーズ1
生産期間：1958年10月〜1960年2月
生産台数：149台
シャシーナンバー：DB4/101-DB4/250

最初に変更を受けたシャシーナンバー：変更内容
131：ウィンドーレギュレーターのギア比アップ。ウィンドーチャンネル変更。
151：サンダイム製テールライトに変更。ウィンドーにフレーム追加。カーブドグラス。オーバーライダー追加。バンパーが大型化。
161：ハーデューラ製のフロアカバーに代わり、カーペット。
181：1速ギアにシンクロメッシュ・コーン追加。
191：ギアボックス・メインシャフトにロックスクリュー追加。
201：軽合金製のファンシュラウド追加。ダッシュボードとエンジンのワイアーハーネス変更。ボンネット上のスクープグリルが前に移動。

シリーズ2
生産期間：1960年2月〜1961年4月
生産台数：349台
シャシーナンバー：DB4/251-DB4/600

251：サンプ容量17パイント（約9.7ℓ）に拡大。ディップスティック延長。エンジンマウント変更。フライホイール・ハウジングのダウエル延長。タイミングカバーのダウエルが1個から2個に。ウォータポンプ固定スタッドの首下長延長。ブロック内、フロント上部のオイル通路拡大。ビッグエンドのキャッスルナット廃止。オイル圧開放弁のスプリング圧強化。新型カムカバー。カムシャフト・ベアリングのクリアランス量改訂。タイミングケース変更。オイルポンプ吐出量強化。真空進角装置装着。ダイナモ・ブラケット変更。キングピン軸に対するアッパーウィシュボーンの位置変更。フロントブレーキディスク径11½インチ（約292mm）から12⅛インチ（約308mm）に拡大。フロントブレーキキャリパー、ダンロップのVB1075（従来はVB1033）フロントパッドVB05084（従来はVB05089）。サーボパイプのチェックバルブ変更。サーボマウントクランプ変更。マニフォールドからのバキュームホース強化。チェックバルブの¼inナット、Nylok製に（従来はAvlock製）。ディスクシールド拡大。フロントとリアキャリパーのブリッジパイプ変更。ペダルピボットシャフトのサークリップ廃止。マスターシリンダーのブラケットボルト、位置変更。ペダルプッシュロッド変更。ラジエターブラインド装着。バルクヘッドグロメット変更。ヒーターのフロントケース・アセンブリー変更。ボンネット、フロントヒンジに変更。ウィンドーに平面ガラス採用。リアクォーターウィンドーに平面ガラス採用。リアクォーターウィンドー・シールの軽合金リテイナー、改良。ドアロック・リモートロッド強化。ドアガラスのカントレール廃止。ドアウェストレベルのウェザーストリップ改良。ドアピラーシールストリップ、押し出し成型品に変更。ウィンドーレギュレーターのギア比がアップ。オプションでオイルクーラー導入。オプションでオーバードライブ導入。オプションで電動ウィンドー導入。ワイパーアーム変更。後席灰皿追加。
267：エンジンマウント左側にクランクケース・ブリーザー装着。
390：クランクプーリー変更。ダイナモプーリー変更。
550：オイルストレーナー変更。
570：サンプ容量21パイント（約12ℓ）に拡大。

シリーズ3
生産期間：1961年4月〜1961年9月
生産台数：164台
シャシーナンバー：DB4/601-DB4/765

601：カムカバーブリーザー変更。電気式レブカウンター装着。デミスターベントの数が3から5に増加。方向指示器/パッシングライトスイッチが1本化。チョークケーブルクランプ変更。ボンネット支持バーが2本に増加。パーキングブレーキパッド、バックプレートから着脱可能に変更。オイルストレーナー再変更。ディストリビューター進角カーブ変更。コイル変更。ソレノイド変更。ホーン/ヘッドライトリレー変更。クロスレシオ・ギアボックス採用。オプションで4.09：1の最終減速比選択可能。室内照明灯追加。ブレーキキャリパーのグレードアップ。ギアボックス・レイシャフト・ローラー変更。テールライト、3レンズ式に変更。ペダルボックス周辺にプロテクトシールド装着。GTエンジンがオプションに追加。
696：1速ギアベアリングブッシュ変更。
701：クランクケース・ブリーザー、タイミングカバーに移動。
759：2速ギアシンクロコーン変更。

シリーズ4
生産期間：1961年9月〜1962年10月
生産台数：314台
シャシーナンバー：DB4/766-DB4/950*

766：エアスクープ高、低くなる。同グリル廃止。ラジエターグリル、バータイプに変更。スターターリング、フライホイール変更。GT用ツインプレートクラッチ導入。フライホイールハウジング変更。コイル変更。バラストレジスター装着。灰皿、ダッシュからギアボックスカバーに移動。テールライトのコンビネーション変更。リアバンパーにリフレクター装着。ナンバープレート照明灯、ルーカス製からヘラー製に変更。オーバードライブオプション非装着車では3.3：1の最終減速比が標準化。オイルクーラー標準化。オイルクーラーに専用インテーク追加。"スペシャル・シリーズ"エンジン導入。
839："スペシャル・シリーズ"エンジン初装着車。
943：クロスレシオギアボックス、オプション化。アームストロング、セレクタライド（Selectaride）ダンパー、装着可能。
951：ヘッドライトカバー、オプション追加。

7. ASTON MARTIN DB4

DB4ヴァンティッジ登場。電流計、メーターナセルの中央頂部に移動。ダイナモ変更。DB4GT用計器パネル、オプション追加。

シリーズ5
生産期間：1962年9月〜1963年6月
生産台数：134台
シャシーナンバー：DB4/1001-DB4/1050 *

1001：ボディ全長15ft（4.57m）に延長。ルーフライン上がる。15インチホイール装着。"スペシャル・シリーズ"エンジン標準化。キャブレターにコールドエアボックス追加。ラジエター前部に電動ファン追加。AT、オプションに追加。ブレーキキャリパー変更。進角カーブ変更。イグニッションスイッチ変更。DB4GT用計器パネル、標準化。電流計、ヒューズボックス変更。ヘッドライトカバー、ほぼ全車に装着。
1066：オーバードライブギアボックス、ワイドレシオが標準化。
1175：レブカウンター駆動ユニット変更。
1176：2連燃料注入リッド導入。

(*注)コンバーチブル（ヴォランテではない）のシャシーナンバーは3グループに分類される。シリーズ4ではDB4C/1051からDB4C/1080まで。シリーズ5ではDB4C/1081からDB4C/1110まで、およびDB4C/1166からDB4C/1175まで。
　上記とは別に2番目の仕様、ヴァンティッジがあった。"スペシャル・シリーズ"エンジンを搭載したシリーズ4ヴァンティッジ・サルーンのシャシーナンバーはDB4/951からDB4/995まで。シリーズ5のヴァンティッジ・サルーンはシャシーナンバーDB4/1111からDB4/1165までと、DB4/1176からDB4/1215まで。全部ではないが大半のコンバーチブルにはカバーつきのヘッドライトがついた。"スペシャル・シリーズ"エンジンを装着したコンバーチブルは総数32台、GTツインプラグ・エンジンを搭載したコンバーチブルが少なくとも1台ある。

だと知って唖然とするだろう。これでもニューポート・パグネルが出した最も軽量な車なのだ。
　ステアリングとサスペンションも新たな躍進を果たし、DB2のウォーム・ローラー式に代わってラック・ピニオン式が採用された。従来のフロント・サスペンションは、それ自体の効能は認めるにしても、他のシステムと比べると洗練度に欠けるトーションバー式だった。これが、しなやかに路面に追従するダブル・ウィッシュボーン／コイルにアームストロング・ダンパーの組み合わせに変わった。
　リアはコイルスプリングにレバーアーム型ダンパーの組み合わせで、リジッドアクスルはパラレルアームとワッツリンクが位置決めしている。アクスルの位置決めは充分に強固だが、今日、なぜか不充分であるとの声が絶えない。このレイアウトは信頼性が高いのも特徴だ。後期型に採用されたド・ディオン・アクスルは、酷使すると固有の弱点を露呈した。
　現存する車は多いが、オーナーがまったく気づかないうちに内部に錆を抱え、いま崩れ落ちてもおかしくないシャシーばかりだ。DB4、DB5、DB6で、ボディには染みひとつないのに、一皮剥くと錆に蝕まれたまま今日まで生きながらえている車は数多い。それでも大半の車は1980年代までは定期整備を受けていたはずだから、ある程度の品質は保たれている。
　しかしその1980年代、アストン・マーティン・ブランドの人気がかつてなく上昇すると、それまで物陰に隠れていた車が這い出てきた。これらは良い意味でも悪い意味でも、手つかずのまま放って置かれた車だ。良い意味と言ったのは、古い車ではオリジナルの状態にあることに価値があるからだ。これほど多くのアストンが健在であるという事実、これはとりもなおさずメーカーとしてのアストン・マーティンを讃えるメッセージに他ならない。

DB4のドライビング
　ドライバビリティに関してDB4とDB2シリーズを比較すると、DB4のほうがはるかに勝っている。剛性感溢れるシャシーと、パラレル・トレーリングアームとワッツリンクによ

今日まで続くアストンのトレードマークであるエアベント。DB4/5/6の最もわかりやすい特徴だ。

って、正確に位置決めされたリアアクスルのおかげで、ドライバーはマレックが設計したエンジンのパワーを、自信をもって路面に伝えることができる。
　ステアリングにはピンポイントレベルの正確さはない。これだけの重量級にそれを期待するのは無理というものだが、ドライバーの手の動きに正確に反応するし、レシオも適切だ。ビーチが設計したフロントサスペンションも第1級のできだ。
　DB4の中間ギアにおける加速性能は、1958年当時、常識を覆すレベルだったに違いない。スクエア・エンジンはトルクに溢れ、アストンの特徴でフライホイールが非常に軽いから、瞬時に回転が上がる。エンジンのパワーは、頑丈な（人によっては農業的なとも言うが）デイヴィド・ブラウン自製

テールライトの最終バージョン。

のギアボックスを介して、タイムラグもなくスムーズにリアアクスルに伝わる。ただしパワーを乱用するとテールハッピーの傾向を示す。実際、私も試してみたのだが、デイヴィド・ブラウンのギアボックスは相当乱暴にパワーをかけても充分対応するので、ドライバーがギアボックスに失望することはないだろう。

軽いボディとマスの大きなシャシーを組み合わせた結果、重心位置は低く、高速でもドライバーの意に沿った操縦が可能だ。空力が自ずと限界を決めてくれる。

DB4は優れたクルーザーだが、敏捷さも兼ね備えている。標準の最終駆動比3.54：1の場合、なんのドラマもなく90〜100mphでゆったりと流すことができる。一方、2級道を2速と3速を使い分けて疾駆すると、エンジンがカムに乗り、俄然精彩を帯びる。決して軽量級ではないのに、はるかに小さな車のように感じる。実際、アストンに共通して言えることなのだが、一度慣れてしまうと自分の回りのすべてが一気に縮んだような感じがする。乗っていてやっかいなのは、法定スピードを守って走っているドライバーからは、後方から急速に迫るあなたのアストンとの大きな速度差を認識できないことだ。

1番速い最終駆動比の場合、紙の上では148mph（238km/h）出る計算だが、120mphを超えるとエンジン音と風切り音が高まる。

ファイナルユニットには過大な期待を掛けない方がよい。ソールズベリー製4HA型は、リミテッドスリップデフの有無にかかわらず、しっかりした造りの製品だ。ただしギアが摩耗しやすい悪癖があり、普段は直接目に触れない箇所なので、放置しておくドライバーが多い。調整そのものはそれほど大変ではないのだが、この辺りはオーナーの性格が出るところだ。

DB4以降の市販モデルに共通して言えることだが、強力なエンジン性能を使い切れるだけのオープンロードを探すのがたいへんだ。標準仕様ならエンジンのトルクバンドは広いが、本当の力を発揮し始めるのは4000rpm以上だ。ギアボックスは4段しかないが、ギアを使い分ける楽しみを取り上げられてしまったわけではない。DB4は速度制限などない高速道路用の車だ。自分でドライブしてわかったのだが、今日の道路状況では4速でも速すぎるくらいだ。

モーターウェイの制限速度内で走る限り、エンジンはほぼアイドリングスピードで回っているに過ぎない。オーバードライブは最終減速比が3.77：1、あるいは4.09：1を備えている車にオプションで選択できたが、ほぼ宝の持ち腐れだ。メリットを活かせるのはドイツぐらいだろう。

当時の標準装着タイアはクロスプライだが、これではまるで路面からの情報は伝わってこない。それにメーカーが推奨するタイア空気圧も低めのようで、もう少し空気圧を上げれば、この傾向は緩和できる。ラジアルタイアに交換するかは好みの問題だが、私はラジアルを履いて、見違えるほど良くなったと思っている。

私が最初に所有したDB4はシリーズ4だった。15インチ径ラジアルで装着できるサイズを選べるのはグッドイヤーしかなかったので、これにシリーズ5の後期型ホイールを組み合わせた。タイアの外径が小さくなるので加速が鋭くなるメリットは明らかだ。もっともスピードメーターの目盛りを変えるだけの手間は掛けなかった。

DB4には16インチホイールを履いていた時期がある。ピレリには16インチがあるが、高価だ。私がタイア選びをした頃と比べて、現在の状況は少し変わっていると思う。ヨコハマの16インチラジアルはすごくいいという声をよく聞くし、オリジナル重視派は伝統的なエイヴォンかダンロップじゃないと話にならないと言い張るだろう。

ブレーキに過大な信頼を寄せてはならない。この車がニューモデルとして登場した時には驚異的な効き具合だったが、今では旧式だ。

もうひとつ、革張りシートには横方向のサポートが期待できないから、ドライバーは、ステアリングホイールにしがみつく羽目になる。もとからついているシートベルトはドライバーの身体をしっかりと固定してくれず、タイトコーナーの連続では、ドライバーは左右に振られまくることになる。抜本的に解決するにはオリジナルをあきらめてバケットシートを据え、フルハーネスを備えることだが……。この時代の車では致し方ないとはいえ、ヘッドレストもシートベルトも標準装着ではない。

大きな曲率のコーナーを連続して駆け抜ける時、DB4は最良の面を発揮する。こうした場面では、普段不満げなエンジンを心ゆくまで歌わせることができる。同様なレイアウトを持つライバルの中で、アストンより優れている車はまず思いつかない。

一方、渋滞のなかのアストンは試練の場となる。巡航中は快適な重さだったステアリングホイールは、這い回るようなスピードではちょっと力を入れたくらいでは動きもしない。また重いクラッチペダルにもうんざりさせられる。電動ファンを備えていないと、渋滞にはまりこんだドライバーは気が

右ページ：大きな口を開ける初期型DB4。初期モデルではクランクブリーザーがブロックの低い位置にあった。

7. ASTON MARTIN DB4

ASTON MARTIN

"スペシャル・シリーズ" DB4エンジン。これを搭載した車がすべてDB4ヴァンティッジだとは限らない。1961年からはオプション扱いになったからである。

気ではないはずだ。

傾斜のきついリアウィンドーを通して見る後方視界は、雨でも降ったら最悪だ。では前方は良いかと言えば、ワイパーなどまるで頼りにならない。さらに四囲のウィンドーはびっしり曇るので、ドライバーの頭からも湯気が上がってしまうかも知れない。

私たちは都市部を運転する限り、現代のハッチバック車の使いやすさにすっかり慣れてしまった。DB4は大都市の中を1cm刻みで這い進む状況では、数少ない欠点がはっきり露呈される種類の車だ。車内は猛烈に熱くなるし、オープンロードでは爽快だった排気音は耳について煩わしい。ハイチューンのエンジンではまともにアイドリングしないし、プラグもかぶり気味だ。この時代のツインカムエンジンは、多量のオイルを燃やしている例が多く、ジャガーXKなどはその好例だろう。ましてアストンの"シックス"は油圧が図抜けて高いので、きちんと整備していないエンジンでは尋常ならざる量のオイルが煙になる。

高速走行で露呈したトラブル

労働組合との争議のため、車が発表になってから生産開始まで1年も間が空いてしまった。その間を利用して、連続高速走行テストで明らかになった問題点の幾つかを解決しようとしたが、1年では足りなかったようだ。問題の本質は、エンジン内部に充分なオイルが廻らないことで、しかもエンジン内に廻ったオイルも必要な循環スピードに追いつかなかった。開通したばかりのM1モーターウェイを往復して連続高速走行テストを行ったが、問題の本質を明らかにするには至らなかった。イギリスは外気温が低いため、手がつけられないほど深刻なトラブルを再現できなかったのだ。

生産が始まるや、弱点が最初にさらけ出したのはフランスだった。当時、フランスはアストンにとって3番目に大きな輸出先だったことに加え、大勢のイギリス人が南仏を目指してルート・ナシオナルをかっ飛ばした。そしてアストン本社には、救助信号が次々と飛び込んだ。これは当時世界で最

7. ASTON MARTIN DB4

も洗練されたグランドツアラーにとって、幸先の良いスタートではなく、さっそくDB4は対症療法的な改良作業が行われた。

シャシーナンバーDB4/101から始まる最初の50台は、ボンネットのヒンジが後端部にあり、ウィンドーにはフレームがなく、ごく細いバー状のバンパーが備わる。オーバーヒートについては後に詳しく述べるが、まずはシャシー201から冷却ファン周囲に軽合金製のシュラウドが追加になり、同時にボンネット上のスクープ位置が前進した。

DB4の進化

DB4は、おおまかに5つのシリーズに分類できる。これは、アストン・マーティン・オーナーズクラブ（AMOC）による区分で、アストンの工場から出荷されたDB4に限る。だが、どのグループにも完全には当てはまらない中間的なモデルが多数発見されており、問題をややこしくしている。ともあれAMOCの作った一覧は役に立つので、本書ではこれに従って話を進める。

DB4を見つけたら、まず生産期間中のどの時期に造られたモデルなのかを特定することが先決だ。

生産が進むにつれて、逐次オイル容量が増え、エンジンのベアリング・クリアランスと冷却系に改良が加えられたが、これを別とすればどれも表面的な小変更に過ぎない。ただしシリーズ5は別だ。このモデルはボディの全長が伸び、事実上DB5と同じサイズになった。DB4シリーズ5ヴァンティジは、DB5とほぼ見分けがつかない。この最終モデルにはDB5と同じツイン燃料注入リッドさえ備わっている。

現状はAMOCの区分に当てはまらない車が次から次へと発見されている。"スペシャル・シリーズ"エンジンを搭載したシリーズ3。あるいはフロントエンドがノーマルのままのヴァンティッジ・サルーンといった具合だ。オーナーや愛好家が自分の好みに改造したり、あるいはアストンのファクトリーで改造を受けた車は枚挙にいとまがない。フェルタムにせよ、ニューポート・パグネルにせよ、記録の保管整備はひどくお粗末だが、1台毎について回る"ビルドシード"だけは残っており、アストン・サービス・ドーセット社で閲覧できる。同社は、1972年にカンパニー・デヴェロップメンツ社からDB4以前のモデルの製造権を買い取った。

エンジンナンバーとシャシーナンバーが近ければ、オリジナルの可能性が大きい。もし後期型の車に若いナンバーのエンジン

DB4が登場した1958年当時、ここまで洗練されたセンスは自動車のインテリアデザインに新境地を開拓した。

"ショー・エンジン"。ラッカー塗装のダッシュポット、磨き上げたカムカバーから分かるようにこれはモーターショー用に準備したDB4 "スペシャル・シリーズ"。

55

ASTON MARTIN

ダッシュのデザインはMkⅢによく似ており、計器ナセルの形状もMkⅢを踏襲した。使い勝手も優れていた。

ドロップヘッドのダッシュボード。写真は有名なコンクール受賞車。

が搭載されていたら、ほぼエンジンを載せ替えたと判断していい。もちろん悪いことではない。だれもが新品のエンジンを買えるわけではないからだ。

エンジン・ナンバーはたとえば370/958といった具合に、前半分が排気量を、後ろ半分が通しナンバーを示す。"スペシャル・シリーズ"エンジンにはSSの文字が加わる。

シャシーナンバーはいたるところに記してあるが、最も見やすいのは、エンジンコンパートメントの右側フロントにリベット留めされたプレートだ。このほかメーカーによるIDプレートが、シャシー左側下方、ロワーウィッシュボーンの付け根近くに1枚と、左ドアのアッパーヒンジに1枚あり、ボンネットヒンジにもナンバーが打刻してある。ドアパネルと後席背もたれの裏側にチョークで数字が書いてあれば、その内装はまずオリジナルだ。もっともオリジナルでなくとも、チョークの数字が書いてある例もある。このケースはオリジナルパーツを車同士で交換した証で、めずらしいことではない。張り直した真新しい革が馴染むまで10年我慢するより、快適にこなれたシートを別の車から持ってきた方がベターだからだ。内装にプラスチックを使うなどのぞんざいな作業をされた車には注意されたい。

コンバーチブルを除けば、見た目に最も美しいDB4は最初のシリーズだ。どんな目的にもベストマッチングなのは、シリーズ5になって車重が増す前の、"スペシャル・シリーズ"エンジン搭載のシリーズ4ヴァンティッジだろう。シリーズ4ヴァンティッジにはそれ以前のモデルが持つ美点がひとつに集約されている上に、その頃にはエンジンの改良も進んで、どんなに回しても壊れそうもない頑丈さも備えている。

究極の理想はGTエンジンを搭載したDB4だが、この"ヴァンティッジGT"は極めて数が少ない。すべてのDB4を通じて最も希少なモデルである。

新世代のアストン・マーティン

デイヴィド・ブラウン・グループ体制になって初の完全な新型車であるDB4は1958年10月に発表され、大いなるセンセーション

7. ASTON MARTIN DB4

を巻き起こした。だが、翌59年7月までは、DB2シリーズの最後モデルであるMkⅢが並行して生産されていた。

　DB4にはDB2から引き継いだものはなにもない。新しいシャシーの上に構築されたボディもエンジンも完全な新設計だ。DB4の本格的なロードテストをいち早く行ったのはアメリカの専門誌『Road and Track』で、1959年5月に掲載された。テストドライバーにアストンのワークスドライバーであるロイ・サルヴァドーリを起用した、読み応えのある内容だった。サルヴァドーリはその翌月、ルマンで優勝を果たす。

　DB4は偉大な車である。きちんとメンテナンスされ、無鉛ガソリン仕様に改造してあれば、所有することは至福の歓びだ。設計年次による2、3の不具合など取るに足らない。DB4はエレガントにして高速で疾駆するだけの車ではなく、ドライバーとの間に緊密な関係が構築される車だ。この手のジャンルの車を挙げるとすれば、ポルシェ、マセラティ、フェラーリである。英国車のジェンセンは到底その境地にいたる車ではない。

DB4コンバーチブル

　1961年のロンドン・モーターショーで発表されたDB4コンバーチブルはシリーズのなかで最も美しい車だろうが、実用性の点でややハンディを負っている。ルーフを取り去ったため、残ったストラクチャーの強度が不足気味なのだ。しかしこのコンバーチブルは、クローズドボディをオープンにした車ながら、オリジナルのクーペと同等のエレガンスを演出できた希な例だ。オプションのハードトップをつけると、リアスタイルがマセラティ3500クーペそっくりに見える。もっとも両モデルともトゥリングのデザインだ。

　同じくトゥリングによるランチア・フラミニア・ドロップヘッドや、アルファ2600スパイダーも、プロポーションは共通している。だがプロポーションは同じでも、骨太な強靭さと繊細な感受性を両立させた車はDB4以外にない。アストンの歴史のなかでもアングロ・イタリア期に生まれた車は、この2点を融合させた点に最もその特徴が表れている。ドロップヘッドのデザインは完全にトゥリングのオリジナルだ。

トゥリングはシャシーの3分の1以上にわたって捩り剛性の強化を図ったが、リアの燃料注入リッドと幌の開口部の位置があまりに近すぎたため、ひびが入ってしまう。これを別とすればDB4コンバーチブルは嬉しくなるほど剛性に溢れている。

　DB4のデザインで秀逸なのは虚飾を一切排した潔さにある。機能上、必要なのしかついていない。結果として実際より軽く見せる効果もある。この車にはノーズからテールまで視覚的に邪魔なデザインが

DB4。現代の路上にあって、最も美しい車の1台。

ないので、一点に見る者の注意が集中してしまうこともない。たとえばDB4を同時代に生まれたファセル・ヴェガと見比べてみると、DB4の本質的な美が最大の効果を発揮していることが分かるだろう。

　シートに身を委ねる。全体を包む静謐感。エンジンをスタートさせるや一転して車全体に生気がみなぎる。それがDB4だ。

57

バイヤーズガイド

DB4は類い希なる優れた車だが、注意を怠るとはまり込んでしまう落とし穴がいくつかある。以下に述べることはDB5とDB6にも当てはまる。

1. シャシー自体が異例に頑丈な造りなので、金属疲労が相当進んでいない限り構造全体を疑ってかかる必要はない。

金属の劣化が起こりやすい部位をフロントから列挙してみよう。ペダルボックス、ジャッキポイント、シル、ドアボトム、頑丈なトレーリングアームの支持チューブ、ワッツリンクを位置決めするアッパーアセンブリー（シート背後にある）。スペアホイールを収める窪みは、スペアホイールの重みで裂けてしまうことがある。リアパッセンジャーのフロアには、プレスでスエージ加工してあるので、水が溜まりやすい。弱点ではあるが大事に至る場所ではない。

ボディ先端部は、事故によるダメージがあるならともかく、まだ気が楽な部分だ。エンジンを支える大きなクレードルは点検もアライメントチェックも楽にできるので、大きな危惧は無用だ。一方、どうやっても直接手の届かない唯一の部位はサイドシルだ。細身のドライバーが1本あれば驚くほど色々なことがわかる。もっとも後ろめたい所のある売り手なら、あなたがドライバーを取り出したら青くなるだろうが。

しっかりしたシャシーこそいい買い物をする基本であることを肝に銘じていただきたい。程度にもよるが、塗装状態の良し悪しもシャシーと相関関係にある。

2. 軽合金は言うまでもなく"錆びない"が、軽合金とスチールとの間で起こる電解作用を軽く見てはならない。軽合金は電解作用によって腐食し、チーズのようにもろく変質する。こうなると厄介で、解決方法はパッチ溶接しかないが、工賃がかさむし、最終的にいくら掛かるのか予想しにくい。シャシー下部のスチールにも要補修箇所がないかチェックする。シャシー関連の補修がすべて完了しないうちは、ボディのリペアはまだリストの項目に過ぎない。くれぐれも手をつける順を間違わないように。

3. パテ盛りをしていないかの目視チェックは必須だ。当然ながらパテに磁石はくっつかないのでチェックに使える。DB4は新車時、一切のパテ盛りをしていない。あるとすればセルロース系のシーリング剤を塗布してあるだけだ。もしパテ盛りされている個体なら安上がりな修理をしたと見て間違いない。ボディには、設計時にわずかな柔軟構造が考慮されているので、パテを盛ったところでいずれ剥離してしまう。本来パテは使えない構造なのだ。

4. 室内は一目瞭然だ。小さな裂け目やすり切れなどは問題とするに足りない。トリムパネル表面に、チョークかクレヨンで、シャシーナンバーが走り書きしてあるかチェックしてみよう。これが車両ナンバーと一致していればオリジナルだ。室内の一部

フルレストアは生半可な気持ちではできない。

に素人の手仕事が入っていても、修理、交換ともに費用は安くはないが、簡単な作業で行うことができる。

5. トレーリングアームの取り付け位置がずれていないこと、ブレーキが効くこと。この2点以外、ランニングギアに関してのチェック項目はほとんどない。フロントウィッシュボーンのリア・ロワーアームが収まるシャシー上のソケットは、分割式のアルミインサートだ。腐食すると変形し、シャシーに貼り付いてしまう。この部分を雨風から守っているのはワイアで留めたプラスチック製カバーだけで修理工賃は高い。また、ステアリングラックを下側に固定しているストラップがついていることもチェックする。これがなくて問題になるのは、ラックが固定位置から外れて勝手に暴れ始めた時だけだ。いかにも素人細工に見えるパーツ

8. THE LAGONDA RAPIDE

重が軽く仕上がり、大柄なボディ全体のかさをある程度相殺できる。ラピドをDB4と比較すると、ホイールベースは16インチ（406mm）長く、トレッドは3.5インチ（89m）広く、乾燥車重は750lb（341kg）も重かった。

ボディは、DB4シリーズ同様スーパーレッジェラ工法により、スタイリングはミラノのトゥーリングが担当した。図面にはDB4のデザインが色濃く表れ、テールライト初期型DB4のものを流用してしていた（ちなみに同時代のアルヴィスも同じパーツを用いている）。もしこのままトゥーリングのデザインを活かし、手堅い設計のシャシーに架装していれば、ラゴンダ・ラピドはベントレー・フライング・スパーと肩を並べる名車として歴史に名を残していたかもしれない。しかし今日、ラピドの残存台数は極めて少なく、その事実がすべてを語っている。

アストンによるデザイン変更

アストン・マーティン内部で、臨時のデザイン担当専門チームが仕立てられ、首を突っ込んできたのがラピドの不幸だった。結局、トゥーリングのデザインを留めたのはリアの造形だけで、そのテールライトも今風なパーツに変わっていた。特にフロントはラゴンダ伝統のグリルは跡形もなく、フォード・エドセルを思わせる無惨な顔つきに変貌してしまった。どんな人間でも間違いの1つくらいはあるものだ。ラピドの醜悪なスタイルはブラウンの失態だった。

目をつり上げた険しい表情のラピドは1961年のモーターショーでデビューした。デイヴィド・ブラウンは、注文リストが一杯になるのをゆったりと待った。確かにショー期間中に注文が舞い込んだが、どれもブラウンの友人からだった。結局、生産期間を通じて販売されたのは55台に過ぎない。

しかしこの車に見るべき点があることは事実だ。申し分のない高級感を醸し出していたし、丁寧な造りは非の打ち所がなく、先進技術にも抜かりない。ただ、ドライブシャフト・エンドと後輪の接合角がきつぎ、長期間の使用によるスプラインの摩耗が著しいのが弱点である。このボディサイズとスペックの車としては充分に速く、ハンドリングも優れていたが、エンジンに対してキャブレターが力不足だった。ラピドはDB4の上級モデルに用意された、ボアを拡大して4ℓとしたエンジンを搭載した。これにツインチョークのソレックスPH44を2基組み合わせたのだが、ソレックスPH44は

不人気の大きな理由は見た目。アクの強さが見るうちに、次第に好きになっていく類のスタイルか。

高価なばかりで、効率の良いキャブレターではない。6気筒あるエンジンに全部で4個のチョークから混合気を噴出するため、高速回転時、各気筒に均一な混合気を供給するのは難しかった。アストンの顧客はキャブレターを選ぶことができたが、DB4の"スペシャル・シリーズ"エンジンにはSUキャブレターが標準で備わったのに比べ、ソレックスのラピドはもっさりとしていた。

エンジンに合わないAT

加えてこの種の車には必需品のATとして選ばれた、ボーグ・ウォーナー・モデル8もおそらく間違いだったと思う。このエンジンのパワーは回転を上げると急上昇するタイプではなく、モデル8はこういうエンジンにはまるで相性が合わなかった。同じことはDBSまでのATを装備したアストン・マーティンすべてに当てはまる。ラピドが好調に売れるだろうと皮算用したアストンがモデル8の余剰ストックを抱えてしまったとも考えられる。いずれにせよ、デイヴィド・ブラウンの製品が一定期間、衰退したのはエ

ASTON MARTIN

室内はグランドツーリングカーの面目躍如たるところ。

ンジン特性に合わないATを起用したことに1つの原因があるのは間違いない。
　だから真剣に捜すべきは"スペシャル・シリーズ"エンジンにデイヴィド・ブラウンのMTを組み合わせた車であり、ソレックスにATの組み合わせはかなり危険な買い物だ。ソレックスとATが組み合わさった車を上級スペックに格上げしようとしてもまず徒労に終わると覚悟した方がよい。もちろん世の中には、マニュアルのDB6ヴァンティッジ並みの高性能まで引き上げた車がないこともない。あなたも同じ事をしようというのであれば、目を皿のようにして良いベース車両を捜すことだ。我らが友である中古車業者が、あなたにソレックス装着のAT車を売りつけようとする時の口上はこんな感じだ。「これはまず二度とお目に掛かれない珍しい車で、造りがいい。運転、楽ですよ。それにこの素晴らしい革シート、これが決め手だね」　一方、もしあなたが連中に同じスペックの車を引き取ってくれと持ちかけても、こういう車はまず買い手が付かないんですと断られるのがオチだ。

高速移動するVIPルーム
　私が持っていたのはマニュアル4ℓのソレックス・キャブレターつきだったが、非常によく走った。私が判断できる限りではリアエンドは滅多なことではブレークせず、乗り心地も概して快適だ。恐ろしいスプライン・シンドロームが発するノイズも、誰もが口にするほど耳障りではなかったが、ジャガーMkⅡと比較されるのは避けられまい。両方に乗った経験から申し上げると、負け惜しみではなく、私はラゴンダを選ぶ。リアアクスルのオーバーホールなど大騒ぎするには当たらない。請求書を見てしばらく頭が麻痺する程度だ。壊れたウィンドシールドの修理も、銀行口座を1つ潰せば済む。ラゴンダの美しい室内が自分のものになるだけで、充分この車を買う価値がある。ピクニックテーブルが備わり、ウォールナットがふんだんにあしらわれている。フロントシートはメルセデス並みに重厚で、身体をしっかり支えてくれる。一方、リアのベンチシートはコーナリング中、乗員ができるだけ転がるように設計したかのようだが。ショファーのいないラゴンダの広々した後席にぽつんとひとりで座っているとどうも落ち着かない。
　ジャガーSタイプは、ほぼあらゆる点でMkⅡより優れた車だ。不器用なドライバーが無理な体勢に追い込んでも対応できる資質がある。だがSタイプは設計が新しくて公平な比較にならない。いや、理屈を並べるは止めよう。私はラゴンダが好きなのだ。生まれて初めて操縦した、最初の高速4ドアサルーンがこの車だったという、個人的な思い入れがあることをお断りした上で申し上げる。リーフスプリングのシャシーに、市庁舎の時計を作ったメーカーが製作したエンジンを搭載するアルヴィスTD21は、ラピドを知る私にはなにも語りかけてこなかった。せめてアストン・マーティンがフロントのデザインだけは手をつけず、イタリアのカロッツェリアでもどこでもいいから、まともなデザインオフィスに委託してさえいれば、すべてが良い方に変わっていただろう。しかしブラウンには北アメリカ市場進出という野望があった。彼の地では今も昔もあの程度の品のよいスタイルでは話題にすらならないのだ。

派生モデルのあだ花
　歴史が示すように、残念ながらラゴンダ・ラピドは商業的には完全な失敗作に終わった。ラピドはイギリス車によくある、"もしかしたら傑作車になっていたかもしれない"車の典型的な例だ。あの高価格であれば、完全無欠に仕上げて当然だったのに詰めが甘かった。ラピドはアストン・マーティンにとってあだ花でしかなかった。
　面白い後日談がある。高速で移動できるVIPルームという、ラピドのコンセプトを再現する試みがあった。アルヴィスTF21にアストン・マーティンのエンジンを搭載したその車は、今でもどこかに1台現存する。然るべき装備を備えた、オリジナルよりずっとできのいい車だと思われるがアルヴィスのリーフスプリングでは……。
　アストン・マーティンはラピドを1964年まで造り続けた。期待に反する車だったが、ブラウンは冷静に受け止め、アストンの1派生モデルとなったラゴンダに"ブランド信仰"を期待しなかった。アストンが独自の世界を構築していることをブラウンは見抜いていた。アストン・マーティンのライバルはダイムラー・ベンツでもロールス・ロイスでも、アルヴィスでもない。デイヴィド・ブラウンの造る車を1台買うとすれば、人々は迷いもなくアストン・マーティンを選ぶ。そうでないならジャガーを2台買うまでだ。ビジネスマンとしてのブラウンはアストン・マーティンの位置づけを正確に把握していた。

8. THE LAGONDA RAPIDE

アストン・マーティンのフォーミュラ1プロジェクト

1950年代も後半になるまで、アストン・マーティンがGPレースに本格的に参画しなかったのは不思議に思えるかも知れない。答えは資金だ。ブラウンがF1をやりたかったのは山々だが、スポーツカーレースの支出だけで首が回らなかったし、市販車がもたらす利益も収支ぎりぎりだった。おかげでブラウンはモータースポーツの中でも最も中毒性の強い世界の一歩手前で踏みとどまっていた。

だからと言って手をこまねいていた訳ではない。1954シーズンより2.5ℓフォーミュラが発効すると、DB3Sシャシーをベースとした単座席を開発した。呼称DP155は実戦でトップグループとしのぎを削ることはなかったが、ニュージーランドのフォーミュラ・リブレの数戦に、レジ・パーネルの操縦で参加した。

1955年、アストンは本腰を入れてDBR1をベースとしたF1の設計に着手、1957年終盤にテストの準備が整った。ヴァンウォールのように空気力学まで取り入れた先進設計ではなかったが、出来映えは上々だった。当時第一線のフェラーリ・ディーノやマセラティ250Fと互角の勝負を演じた。1957年、ロイ・サルヴァドーリはクーパー・チームに所属してF1を戦った。規定の2.5ℓより小さなエンジンをミッドシップに搭載したクーパー・クライマックスに騎乗、初のチャンピオンシップ・ポイントをクーパーに献上する。そのサルヴァドーリは1958年は大いに有望だ、と新型アストンに期待を寄せていた。それにサルヴァドーリは自分の役割の何たるかを心得ていた。

しかしデイヴィド・ブラウンにGPレースとスポーツカーレースの両方に参戦する財政的余裕はない。DBR4を携えたF1プロジェクトは、いずれいいチャンスが廻り、サポート体制が取れるようになるまで一時休止となる。しかしこの頃、F1は転換期を迎えつつあった。1958年1月、プライベートエントリーのモスが、ミドエンジンのクーパーを操縦してアルゼンチンGPに優勝。この年、コンストラクターズ・チャンピオンシップを獲得したのはフロントエンジンのヴァンウォールだったが、これを最後にフロントエンジン車がF1のコンストラクターズ・チャンピオンに輝くことはなく、フロントエンジン時代は幕を下ろそうとしていた。

1959年4月、ブラウンはもう一度走らせようと考え直す。5月、サルヴァドーリがシルヴァーストーンで開催されたインターナショナル・トロフィー・レースで2位に食い込み、俄然チームが沸き立った。次いで、イギリスとポルトガルでも殊勲ものの6位入賞を果たし、サルヴァドーリがDBR4に抱いた期待は間違っていなかったと思われた。DBR4は計3台が製作された。この年、F1に参戦したDBR4は2台、1台はサルヴァドーリが、もう1台はシェルビーが操縦した。

後継車のDBR5は色々な点で大きな飛

アストンのF1進出は成功しなかった。1980年代始めに撮影されたDBR4。

躍を遂げた車だ。ただその"飛躍"には熟成されないまま実戦に投入されたリアサスペンションのため、コーナリング中に起こす横方向へのジャンプも含まれていたのだが。それでもシェルビーの代役、ベテランのモーリス・トランティニアンが1960年、2度の完走を果たしている。

仮にもっと早くにF1を実戦に投入し、開発を進めていたら、事態は違ったかもしれない。あるいは反対にアストン・マーティン社は破産していたかもしれない。F1がスポンサーに支えられる時代はまだ少し先のことだ。しかしF1にまつわるエピソードは、アストン・マーティンがレースに燃やす野望の終わりではなかった。

63

ASTON MARTIN

Aston Martin DB4GT

アストン・マーティン DB4GT

良くできたDB4より、さらに目標を高く掲げた車を造りたいとの気持ちが、アストン・マーティン内部で高まるのに大した時間はかからなかった。予備段階のテストで、マレックのエンジンをツインプラグに改造したところ、すこぶる有望な結果が出ていた。少なくとも出力に関しては、このエンジンに開発の余地が充分あることはわかっていたが、開発を進めると信頼性にどの程度影響が出るか、そこにわずかに未知数の部分が残っていた。それに市販のDB4はスポーツカーとしては、理想より全長が長すぎ、したがって車重が重すぎるのも誰もが認める事実だった。そうなってしまった理由の1つはビーチが生まれながらに用心深かったため、もう1つは開発期間が短かく、工学的に安全マージンを多めに取らざるを得なかったためだ。

車体の軽量化

出力を増強するとともに、車体を軽くする作業が始まった。軽量化は容易だった。なにしろ骨格を成す基本部分に贅肉がたっぷりついていたのだ。アメリカ人がよく口にする金言、「単純にすれば、軽くなる」を実行に移す絶好の機会だった。

スターリング・モスがDB4GTのプロトタイプ、DP199を操る。1959年、シルヴァーストーンにて。

9. ASTON MARTIN DB4GT

車重を軽くするため、シャシーは5インチ（127mm）短くなり、ボディのアルミ板厚も部分的に薄くした。この結果、約190ポンド（86kg）の軽量化を達成した。フロントサスペンションと操向系は従来と変わらず、リアサスペンションは幾分柔らかな設定に改めた。最終減速比はDB4と同じだ。

ビーチのシャシーは短縮された恩恵で、以前にも増して強度が高まった。DB4GTのような高速車が、万一の際に受ける大きな力を考えると、これは大変な利点となった。実際のところ、やろうと思えばもっと大胆に構造材の肉厚を削ぎ落とすこともできたが、1950年代、安全性とは強度であると考えられていた。事故の際に機能するディフォーマブル・ストラクチャーという発想は当時まだない。だから、どれほど地面を転がろうとも、とにかく原形を保つことが目標とされた。他車とのクラッシュでは、相手車両が潰れてもこちらが潰れなければよしという考え方である。

DB4GTは1959年のロンドン・モーターショーでデビューした。いっぽう、プロトタイプのDP199はスターリング・モスの手で、5月2日にシルヴァーストーンで行われた、デイリー・エクスプレス・トロフィーの前座レース、この車にとっての初戦で勝利を収めた。同車は翌月のルマンにも出場した。排気量制限いっぱいの3ℓエンジンに換装して臨んだが、ここではリタイアに終わった。そして市販型DB4が一般の人々の目に触れ始めたこの頃は、その発展型が登場するには良いタイミングだった。ただし1959年のルマンは、アストン・マーティンがDBR1で、悲願の初優勝を1-2フィニッシュで達成したおかげで、かえって市販車のDB4GTにはあまり人々の注目が集まらなかったのだが。

誰もが一驚する完成度

GTのエンジンはツインプラグヘッドで、かつトリプル・ウェーバーが備わる。コンロッドを研磨し、ピストンを高圧縮型にしたのを除けば、エンジンのボトムエンドは標準型と同じだ。ブレーキはレーシング・アストンに採用されたのと同じタイプのガーリング製にグレードアップしてあり、公道用に柔らかめのパッドと合わせてある。

チューンといっても以上が全てだ。極めて正攻法の改良だが、DB4が事実上、職人の手で組まれた車だからこそ、膨大なコスト増なしにこの作業ができた。これで驚くべき能力を備えたマシンができあがった。プロトタイプ以上に手を掛けた部分はどこもない。シャシーを短くした効用は値千金、これに出力を大幅に増強したエンジンを組み合わせた。これだけの作業で操縦しただれもが一驚するパッケージが誕生した。当時はもとより、現代の標準をもってしてもDB4GTは驚異的に速い車だ。

それでもビーチと彼のチームは、ブラウンから改良はとことんやってくれと言われた訳ではなかった。思い通りにやらせて

Aston Martin DB4GT
1959年9月-1963年6月

エンジン：	直列6気筒DOHC軽合金ブロックおよびヘッド
ボア×ストローク	92 x 92mm
排気量	3670cc
圧縮比	9：1
キャブレター	ウェバー45DCO×3基
最高出力	約300bhp／6000rpm

トランスミッション：デイヴィド・ブラウン製4段マニュアル パワーロック製LSD 標準装備　3.54：1

サスペンション：
フロント：ダブル・ウィッシュボーン／コイル、アームストロング製テレスコピック・ダンパー、スタビライザー
リア：リジッド、トレーリングアーム、ワッツリンク／コイル、アームストロング製レバー式ダンパー

ステアリング：ラック・ピニオン

ブレーキ：全輪ダンロップ製ディスク

ホイール：16インチ・ダンロップ製センターロックワイアホイール、16インチ ボラーニはオプション。

タイア：6.00 x 16インチ クロスプライ

ボディ：後期DB4に同じ。ただし5.5インチ短い。より軽いゲージのアルミが使用されているものが数台ある。カバー付きライト。ザガートボディは19台、ベルトーネボディ1台。

全長：	14ft 3½in （4.36m）
全幅：	5ft 6in （1.68m）
全高：	4ft 3½in （1.31m）
ホイールベース：	7ft 9in （2.36m）
重量：	25cwt （1271kg）
最高速度：	約150mph （141km/h）
新車時価格：	4500ポンド
生産台数：	100台

DB4GTザガート

きっかけは、一瞬目に飛び込んできたザガート・ボディのブリストル406だった。その瞬間、ブラウンに特製ボディをまとったDB4GTを限定生産するアイディアが生まれた。1919年、ミラノで創業したザガートは、見る者をはっとさせるデザインで不動の地位を築いていたカロッツェリアだ。早くからイタリア自動車界に根を下ろしており、名作アルファ・ロメオ1750のボディもここがデザインした。アストンはザガートと以下のような段取りを取り交わした。完成したローリングシャシーをミラノに向けて出荷し、ザガートがボディを架装する。その方法はローラーにかけて金属パネルをたわめるイギリス流ではなく、アルミの薄板を叩いて形にしていくイタリア流だ。車はイギリスに戻り、内装の据え付けと最終仕上げを行う。ただしイタリアで内装を含めた最終仕上げを施した完成車が5台ある。

こうして生まれたザガートボディのDB4GTはレースでの活躍が期待された。裕福なオーナーがレースに参戦するには持ってこいの車だったのだ。ホモロゲーションはすでにDB4GTがDB4の派生型として認定されていたから取る必要はなかった。実際、ザガートボディのDB4GTはレースでかなり立派な戦績を残した。言うまでもなくその前に立ちはだかったのはEタイプ・ジャガーであり、フルチューンを施したフェラーリ250勢だった。特に250はおよそ$\frac{3}{4}\ell$分、排気量でアストンにハンディを負っていたにもかかわらず、競り勝った。

ザガート・アストンは1台1台、全部違う。デザインはザガート専属の若きエルコーレ・スパーダが1台ごとに微妙に異なるラインを描いていった。スパーダはブリストルのデザインには関与していなかったので、アストンはスパーダにとって初めてのプロジェクトとなる。その後の自動車デザインに大きな影響を与えることになる名作だ。

基本を構成するプロポーションは時の試練に耐え今なお輝きを失わない。DB7の場合、見る角度によって走り過ぎていった車が確かにDB7だったのか、振り返って確

9. ASTON MARTIN DB4GT

DB4GTとの差は少ないが、ザガートの室内はより機能に徹している。

認したくなることがしばしばあるが、ザガート・アストンでは考えられないことだ。

ザガートはアールズ・コートで開催された1960年ロンドン・モーターショーで発表になった。口うるさいジャーナリストを含め、その姿を目にした者だれもが喝采を送った。異例の出来事だ。「開いた口が塞がらないほど美しい」、誰もが異口同音にそのスタイルを讃えた。しかも価格はDB4GTの900ポンド増し、DB4と比べても1400ポンド増しに過ぎなかった。これが今の話なら、すぐに飛びつきたい価格だが、現在では値差は相当広がっている。DB4GTはおそらくDB4の2.5倍、ザガートなら1台の価値はおよそDB4GTの6台分に相当するだろう。ザガートは売れ足の速い車ではなく、製作台数はわずか19台に留まった。理由は簡単、Eタイプ・ジャガーだ。アストンを買おうというほどの人なら、ザガート1台分の資金でDB4とEタイプの両方を手に入れられる。実際、そういうオーナーは大勢いた。

商業的には失敗に終わったが、ザガートはしかるべくカリスマ的ステータスを獲得した。1991年中盤、同じコンセプトの"サンクション2"が4台造られ、ベールを脱いだ。アストン・マーティンとザガートがV8プロジェクトで協力体制を結んだ結果生まれた車だ。この4台には1960年代当時、使わずに取って置いたシャシーナンバーが付与された。これは売れなかったから使わなかったという意味だ。売れ残ったザガートボディのシャシーは、ニューポート・パグネルにてガスバーナーで寸断され、スクラップとして売却されるという屈辱的な最期を遂げた。実際、涙なしには見られないその現場を目撃した者はそう語る。1973年の景気後退のため、アストン・マーティンはそれほど現金の調達に逼迫していたのだ。

ザガートは手強いライバル数車とまともにぶつかった。性能面ではマセラティを凌いだが、すぐれたシャシーの強みを活かしきれずフェラーリには一歩譲った。むしろどうしても勝てない敵は地元イギリスにいた。Eタイプ・ジャガーだ。ハンドリングではザガートに分があった。ギアリングさえ適正なら直線スピードでもジャガーに引けは取らなかった。超一流ブランドしか欲しくないという客層を別とすれば、買い手の気持ちをジャガーになびかせたのは価格だった。アストン・マーティンDB4GTをぽんと買える人々にとって、ドロップヘッドとクーペのジャガーを1台ずつ持っている方が目的に応じて使い分けができ、便利だった。明らかな欠点があるにせよ、Eタイプはこれ以降、グランドツーリングカーの実力を測る基準となるのである。

ツインプラグのザガート・エンジンはDB4GTより1段高度なチューンが施される。

67

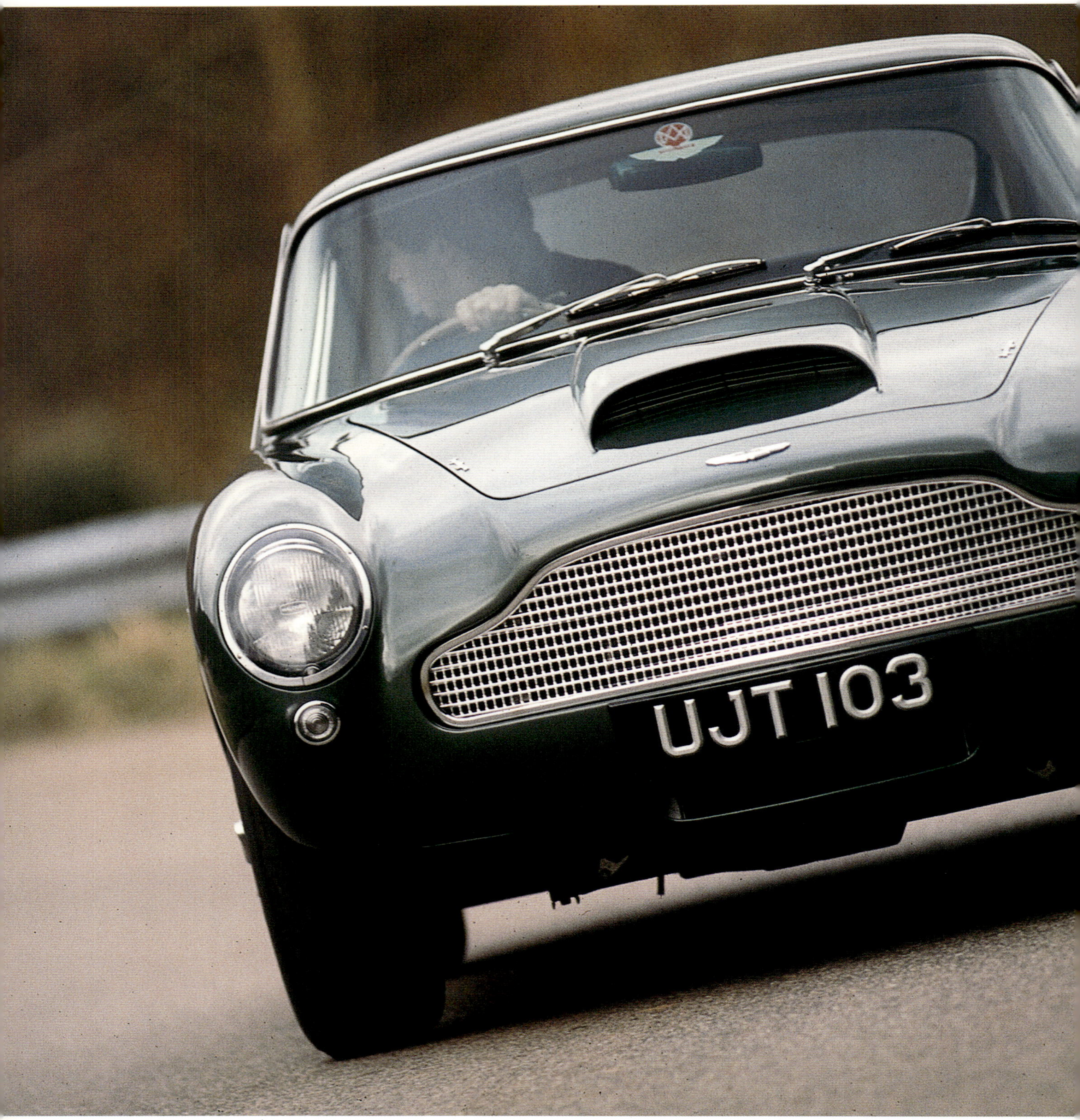
UJT 103

もらえたなら、DB4で実現しなかったド・ディオン・リアアクスルを選んでいただろう。しかしあくまでもDB4GTは市販車で、製造コストが高いとの理由からビーチの志はまたしても挫かれた。それでも公道を走れる車のなかで、DB4GTがスポーツカーのカテゴリー中最右翼の1台だったのは確かだ。しばしばDB4の格好のライバルとして引き合いに出されるフェラーリ250が、ロマンあふれるたたずまいという点で、アストンより1枚上を行っていることは私も認める。電装品も専用品だ。しかしリアは野蛮なリーフスプリングだったし、ボディは切り株を土台に叩いたかと思えるほどのできだった。これは250に限ったことではなく、イタリアのボディ製作工法の1つの特徴なのだが。それでも250はフェラーリであり、フェラーリの名前について回る素晴らしい特質を余すことなく備えている。造作の一部に雑なところがあろうと、1960年代に造られたフェラーリは現在、非常に良い状態に保たれている。

そうはいっても、2つのブランドを車の出来映えだけで比較するのは実のところフェアではない。フェラーリが市販車を製造するのはレースに、とりわけF1に参戦する資金を調達するためだった。一方、アストン・マーティンはレースを市販車の販売促進、ひいてはデイヴィド・ブラウン・グループの利益増収の手段として使った。レースに対してアストンのような戦略を採る企業は、必ずしも完璧な成功を収める訳ではない。その事実は市販車よりむしろレースカーのでき映えに如実に表れる。ブラウンはグループ内の他業種にも責任を担う立場にあった。ようやくF1に顔を向けられるようになった時、ブラウンが繰り出したのはフロントエンジンのグランプリカーだった。戦うまでもなく、時代遅れのレイアウトだったのである。

アストンの最高傑作

DB4GTは最高傑作車として今も威光を放っている。ブラウンが目論んだとおりの

DB4GTのスタンスは公道上でもアグレッシブだ。バンパーのないフロントが凄みをきかせる。

ベルトーネ DB4GT "ジェット"

シャシーナンバー0201/Lの"ジェット"はワンオフとして1961年に完成し、トリノとジュネーヴのショーに展示された。しかしジュネーヴにはもう1台、ニューモデルが展示されていた。Eタイプ・ジャガーである。ベルトーネにとって不幸なことに、その車は入場者をその場に釘付けにしてしまったのだ。ジャガーが登場して、果たしてDB4GTが賢明な買い物か、人々は慎重になった。まして外国製のボディをまとったベルトーネモデルに注目する人は多くなかった。

ベルトーネのDB4GTはすこぶる美しい車だ。しかしトゥリングの作品と比べてより美しいか、私は確信を持てずにいる。ザガートのようにハートを掴んで揺さぶるインパクトに欠けているのだ。ベルトーネは1958年にもXK150で同様な作品を試みている。"ジェット"も、フロント以降がこれとよく似ているが、リアエンドは、ファセル・ヴェガによく似たベルトーネXKよりすっきりしている。

車となり、最小限の改造でレースに出場できる市販車という目的も達成した。イタリア風の外観をしているが、その性格は徹頭徹尾イギリス車だ。トルクに溢れたエンジンしかり、他の追従を許さぬ良心的な工作しかり。しかも、世間の注目を集めるという役目も十分に果たした。DB4GTも完全無欠の車ではないが、一部の完璧主義者はともあれ、愛好家にとってわずかな欠点は許せるものばかりだ。そして、この後を継いだモデルはDB4GTの美点のいくつかを受け継いだが、ついにこれを超えることはできていない。

DB4GTを走らせる

DB4GTを走らせるのに特別なテクニックは要らない。DB4とおおよそ同じだ。短いシャシーのおかげで、ステアリングの反応は鋭い。エンジンは軽々と吹け、しかも高回転までパンチを失わない。ウェバー・キャブレターの恩恵だ。個人的にはサスペンションはもっと固くても良いと思う。もとより車は軽くなっている。スプ

サンクション2 ザガート

　アストン・マーティン研究者の間ではよく知られた話だが、DB4GTシリーズには、シャシーナンバーは割り振られているのに、現車が存在しないという不可解な例がある。昔のことだし、アストンの記録はずさんなので、今になって説明をつけるのは難しい。一番多い例が、大破したシャシーをリビルドした際、別の新しいナンバーを付与したため、元のシャシーナンバーが有名無実になってしまったものだ。有名な2VEVなどが典型的な例だ。2VEVは1962年、エキップ・ナシオナル・ベルジュに貸し出され、5月20日に行われたスパGPの前座レースで大クラッシュに遭う。残骸はアストンに送り返され、シャシー、ボディはもちろん、ほとんどのコンポーネントを新品に交換して再生された。

　参考資料として非常に有用な"Aston Martin Register"によれば、シャシー0192、0196、0197、0198の4台は"製作されなかった"ことになっている。この4つのシャシーナンバーは、技術的にはプロジェクトDP214に属する0194と0195の間にあり、時期的にはザガートボディの車を製作するため、工場があたふたしていた真っ最中の頃のことだ。当時社主だったヴィクター・ゴーントレットはこの空白の4台を埋めたいと考えた。

　おりしも、過去からの継承物をビジネスとして扱う風潮が蔓延し、アストン・マーティンの名前さえつければ高値を呼ぶ時代だった。一方、スペシャリストショップの中にはDB4のシャシーを短くカットして独自のモデルを作製するところがあった。こうして造った車をオリジナルと称して流通させれば立派な犯罪だ。だからゴーントレットと、パートナーのピーター・リヴァノスは"欠落した"車は今から自分たちで製作すべきだと考えた。シャシーの製作はリチャード・ウィリアムズに託された。よく知られたスペシャリストというだけでなく、ゴーントレットが個人所有するアストン・マーティンのメンテナンスを引き受けていたのが縁で白羽の矢が立てられた。破壊から逃れたDB4から採取したパーツと新品パーツとで、シャシー4基の準備が整ったのは1989年だった。

　ザガートはとうの昔にボディを造る木製台座を処分してしまったので、ウィリアムズが自分のザガートを見本としてミラノに送り出した。イギリスに戻ってきた4台のできは素晴らしく、こうしてウィリアムズの車から4台のクローンが生まれた。"Aston Martin-Feltham"と記されたシャシープレートまで本物と見分けがつかない。オリジナル・ザガートは全部で19台造られたが、この4台は欠落したオリジナルに取って代わるものではなく、合計で19台になるよう数を補完する趣旨であり、"Sanction"とはメーカーが正式に認めたという意味である。この試みがスムーズに完了したことに関係各位は胸をなでおろし、これで世界で最も美しい車が世間の人々に触れる機会もわずかながら広まった。4台のうち、3台は初期型モデルの1台を模してボンネットに3本のバルジを再現し、残り1台はボンネット上の伝統的なエアインテークを採用した。

　操縦すればサンクション2は紛う方なきDB4だ。ソールズベリー製リアアクスルのノイズがそれを思い出させてくれる。4.2ℓに拡大したエンジンはおそらく350bhpは出ているだろう。50mm径のトリプル・ウェバーはやたら吸気音がやかましいが、トップエンドのレスポンスは飛躍的に向上し、それまで"非常に速い車"だったのが"牙を剥く野獣"に一変した。やる気と資金さえあれば、マレックのストレート6エンジンをこのスペックに仕立てるのは難しくはない。

DB4GTサンクション2ザガート。オリジナルのザガートにこんなボンネットはない。しかし子細に眺めないと、違いを言い当てるのは難しい。

9. ASTON MARTIN DB4GT

ボディラインにとけ込んだライトカバーを備える
DB4GT。後のヴァンティッジとDB5にも見られる。

リング・レートの単位の1つとして、スプリングを1インチ圧縮するのに必要な力をデフレクション・レートと呼ぶ。手持ちの記録によるとDB4に対してDB4GTでは、このレートが132から110lb（60から50kg）に軽くなっている。軽い車重とデフレクション・レートの2つが相まってリアエンドがいささかソフトに感じられるのだ。ただし容量40ガロンの燃料タンクをフルにした時はこの限りではない。

標準仕様のGTは初期型DB4よりおよそ200lb（91kg）、つまり7パーセントほど軽い（今では、さらに軽量化されたDB4GTはいくらでもあるが）。出力はおおよそ17％増強された。これだけ数値的に明瞭なア

初期型の大型ボンネットスクープ。GTの開発がDB4と並行して進むようになると、開口部の形状も同じように変化していった。

71

GTの室内。前後長の短いドアと純粋な2シーターなのが標準仕様との違い。

荷物スペースはほとんどない。

ドバンテージがありながら、走ってすぐにそれを体感することはない。ツインプラグのおかげでエンジンの回りが滑らかだなという程度だ。しかし4000rpmを超えると事態は一変する。それまで姿をひそめていたパワーの余力がここで炸裂、目覚ましい力感を呈する。テールがぐっと沈み、しなやかなリアスプリングに一気に荷重がかかる。そのスプリングはストロークの限界までたわんでバンプストッパーに当たるが、車はなお猛然と前に進む。トップエンドの加速は驚異的だ。車齢40年に達しようかという車の加速力ではない。

ちなみに高度にチューンしたDB4も操縦して実に楽しい。チューンしたDB4で経験される高速走行時のテールリフト感は、DB4GTでも感じることができる。

標準のDB4なら加速が鈍り始める速度域に達しても、GTはぐいぐいと車を引っ張り続ける。肝の据わったジャーナリスト、ジョン・ボルスター氏はライトウェイトGTで100mph（161km/h）加速14.2秒を記録、その後7秒を要さずに120mph（193km/h）に到達した。『Sports Car Graphic』誌はここまで野心に駆られることなく、0-100mphで18秒を計時した。赤い血のたぎるボルスター氏の操縦振りは本人そのものなのだ。対して『Sports Car Graphic』誌のテスター、ジェリー・タイタス氏は、自身レースに出場した経歴の持ち主であり、速く走らせる技術にかけて引けを取るはずはないが、おそらくギアボックスに敬意を払ったのだと思う。なにしろボルスターは115mphまで3速で引っ張ったのだ。

9. ASTON MARTIN DB4GT

DB4GTの心臓。ツインイグニッションでウェバーを装着する。カムカバーは1本のボルトで固定されている点に注意。

エンジンの注意点

　エンジンの上半分は改善著しい部分だったが、全くトラブルと無縁な部分でもない。バルブシートとプラグ開口部の間にクラックが入りやすいのはその1例だ。ツインプラグのエンジンだからディストリビューターも2基備わる。この2つをいつも完璧に同調させておくというのは厄介きわまる作業だ。1基だけではまったく使い物にならない。1950年代後半から60年代始めのGTなら、定期整備のたびにエンジンの調子を整えるのが当たり前なのだ。巧妙な電子制御が登場するまではしかたがない。中にはマグネトーを備えたGTもあった。確かに人類の素晴らしい発明品の1つではあるが、保守点検、および修理はプロの手に委ねるしかない。とはいえ、熱したオイルの臭い、気まぐれなミスファイア、こんな絶好調はいつまでも続くはずがないという思い。この3つが揃った時の高揚感こそ、この時代のGTを現代の路上で走らせる醍醐味なのだ。

　色々な意味で、マレックのエンジンが現代のエンジンマネージメントシステムの恩恵を受けられないのは残念だ。むろんウェバーはおよそキャブレターに求められる機能をもれなく発揮する優れた装置ではある。エンジンの要求に鋭敏かつ繊細に対応する。エンジン本来の性能を引き出すキャブレターの鑑だ。しかしそのウェバーも、現代の電子制御燃料噴射には敵わない。もうどこかのだれかがこの辺りの問題に取り組んでいるのだろう。ことアストン・マーティンに関する限り、必ずだれかが改良の方策を検討している。それにしてもGTに搭載されたトップチューンのマレック・エンジンはジャガーのエンジンよりはるかに素晴らしい。私にはそれがとても印象的だ。だからDB7のエンジンがマレックの創造物でないのは残念だという気持ちにすらなる。いや、もしかしたらマレックのアイディアはどこかで生きているのかもしれない。DB4GT、実に良い車だ。

"プロジェクト"カー

決してその車に心を動かしてはならない。私は相手が誰であれ、声を大にして断言する。その車とは、DB4GTのうちレース用に造られたモデル、"プロジェクト"カーである。そしてそのすべてが綿密なレース前車検を経て、DB4GTであると実証された訳ではない。

プロジェクトカーの誕生

クリス・ニクソンの名著、『Racing with the David Brown Aston Martins』(Transport Bookman社、1980年刊)の、ジョン・ワイアの証言によると、耐久レースにアストンが復帰したのはワークス内部からの欲求ではなく、アストンのディーラーから圧力がかかったためらしい。

こうした経緯でプロジェクト212が1962年初頭に開発された。車は明らかにDB4GTの派生型だったが、シャシーナンバーはデベロップメント・プロジェクト専用のナンバーが用いられ、ド・ディオン・リアアクスルが採用になった。排気量を3995ccまで拡大したDB4GTエンジンを搭載し、並はずれたトラクションを発揮したこの車は、グレアム・ヒルとリッチー・ギンサーの手に委ねられる。レースを席巻して当然と思われたが、空力面の問題で足をすくわれた。さらにワイアは車重も重かったと認めている。耐久レースでは勝利を左右するほどの重大問題ではないが、エンジンに相応な負荷がかかったのは事実だと言う。1962年ルマン24時間レースでは79周目にリタイアに終わった。

1963年に備えて、プロジェクト214が2台、215が1台の計3台が続けて製作された。どれも共通のテーマのもとに製作され、定石にとらわれない革新路線を採った。ワイアの言葉を借りれば、"はるかに本格的"であった。純粋なレーシングマシーンでありながら、しかし214の2台にはこっそりとDB4GTのシャシーナンバーがあてがわれた。215には本来のプロジェクト専用のナンバーが用いられている。214と市販車との間には何の脈略もないのだから、これにDB4GT用のシャシーナンバーを適用するのはレースレギュレーションの網を抜けるようでうさん臭い。ともあれ、アストンのワークスは、214の2台を3.7ℓエンジンに戻す一方、215は212と同じ3995ccブロックを搭載、なおかつ大幅な軽量化を施した。この3台は今見ても胸を揺さぶられるほど美しい車だが、製作の段階ですでに技術の進歩から取り残されていた。

レース事故が招いた不幸な行方

プロジェクト214の2台目が辿る運命の行き先には、人の気持ちを踏みにじる、胸の悪くなるような欺瞞行為が待ちかまえていた。ジョン・ワイアがアストンを去り、フォードGT40のプロジェクトに参加したのが大きなきっかけとなり、アストンはワークスとしてのレース活動を休止した。結果的に複数のプライベートドライバーが様々なアストンで、当時最高レベルのレースに参加するようになる。その一部は暗黙の了解でワークスのサポートを受けていた。ブライアン・ヘトリードもそのうちの1人だった。ヘトリードは1964年のニュルブルクリング1000kmレースにDB4GT 0195でエントリーする。しかし大きなクラッシュに見舞われ、死亡した。

アストン・マーティンは紋切り型の弔意を表したのち、悲しみに打ちひしがれた未亡人を前に本題に入った。「さっそくですが、車の残骸はどのように処理したいか、私どもにご指示いただきたい」夫人の答えは明瞭だった。「バラバラに切り刻んでください。形が分からなくなるまで」アストンは夫人の言葉を忠実にイギリスで実行した。私たち愛好家はアストン・マーティンの創造したこれらレーシングマシーンに畏敬の念すら抱いているが、作り手にとっては、現役を退いたレースカーは、農夫にとって収穫した豆と同じ、ひとひらの感傷もない。ましてそのマシーンはアストン・マーティン社の所有物ですらなかったのだ。後にはなにも残らなかった。

レーシングマシーンが災禍に遭うと、とりわけそれが原因で人の命が奪われると、スクラップに処され、同時に車が存在した事実そのものが消えてなくなる。成功も不成功もメーカーの記録簿に記入され、それで事は終わる。死亡したドライバーの遺族には深い悲しみが刻まれる。一方、車は事実上この世から抹殺される。メーカーとしてもう一度もとの姿に戻したいのは山々でも、多くの場合迷信がこれを拒む。レースの世界にはいつも迷信がうごめいている。

再生された0195

その後長い年月を経た1995年、スパイ小説よろしく、0195が手の込んだ"伝説"と共に、ドイツのとあるスクラップヤードから突如として姿を現わした。まるで現実離れした、まったくの偶然から発見された。発見者当人もさぞや驚いたことだろう。その後、関係者が長年にわたってこつこつと努力を重ねた結果、オリジナルパーツの宝の山が見つかった。これが引き金となり、他の部品探しも始まった。途方もなく時間の掛かる、好きでなければできない作業だ。シートを張った布地が見つかった。かつてニューポート・パグネルの職人がたまたま無造作に置いたシート張り用の布が未使用の状態で発見されたのだ。折り紙つきのオリジナルだ。そして、有り体に言えばパーツ探しの成果はこの布だけだった。DB4GT用のエンジンを搭載し、デイヴィド・ブラウン製トランスミッションを組み合わせ、これを包むのは素晴らしいでき映えのシャシーとボディのレプリカ。レプリカと言ってもオリジナルと寸分の違いもなく、考えられる限りの考証を尽くして製作した逸品だ。しかしこうしてでき上がったものは、見た目にどれほど魅力的であっても、本質的には胸の悪くなる代物だ。歴史的なレーシングマシーン。かつてのオーナーの遺族より破壊するようにと指示された車。オリジナルと同時代のパーツは唯一、未使用のシートクッションだけ。それを中心に再生部品を取り囲んで車の形にする。こうし

9. ASTON MARTIN DB4GT

た人たちは次になにを目論んでいるのだろう。同様なことが始終繰り返されている痛ましい現状。こいつは確かにDP001だ。そう、ドレッドフル・ピルトダウン・スペシャル1号車*だ。

　権威ある論調で評価の高いある雑誌が、おそらくきちんとした裏づけ調査もなしに、この一件を記事に仕立てた。しかしすでに分かっている事実をさっと調べただけで、この車が、在りし日の姿を知る人々の感情を踏みにじる替え玉に過ぎないことはすぐに分かっただろうに。私の見解をここではっきりさせておこう。私はオリジナリティを尊ぶという点に関しては人後に落ちないつもりだ。しかしオリジナル部品に固執するか否かは、もっぱら持ち主が決めればよい。少なくとも1台、完全なオリジナル車両があれば、後世の人々にとっては充分だ。しかし、オリジナル問題とはかけ離れた、心底不誠実なイカサマがまかり通ると、私はRACクラブのお偉方と同じように怒りを抑えられない。

　こうしてプロジェクトカーはファクトリーによるレーシング活動の最後の作品となった。次々に登場する手強い相手とサーキットで相まみえなければならなかった。まずはフェラーリGTO、そしてジャガーEタイプ(また出てきた)。すこし後には次世代を担うレーシングマシーンを相手に迎えた。新しい時代の到来をいち早く告げたのはフォードGT40、皮肉にもチームの采配を振ったのはジョン・ワイアだった。しかしGT40がレースを席巻するころにはアストン・チームは再度レースから撤退していた。

　レースの常として、214と215の2つのプロジェクトからアストンは多くを学んだ。秀

プロジェクト215。グッドウッドがよく似合う。

逸なエンジンは320bhpを軽く上回る力で、ミュルザンヌのストレートを300km/h(186mph)で駆けぬけた。3台のリアエンドに施されたカムテール処理は、やがてDB6に活かされる。ニュルブルクリングにまつわるぞっとするエピソードを間に挟みながら、これ以降もアストン・マーティンはひたすら進化の道を辿るのである。

(*注)"ドレッドフル"とは"恐ろしい"の意。"ピルトダウン"は1912年イングランド、イースト・サセックス州にある同名の街で発見された古い頭蓋骨につけられた名称。最古の人類のものと推断されたが、1953年偽物であることが立証された。

75

Aston Martin DB5

アストン・マーティン DB5

DB5は1963年夏、突如として姿を現わした。その登場により、DB4とDB4GTはカタログから落とされ、以降アストン・マーティンの市販モデルはDB5に統一された。DB5は、DB4とDB4GTの両方の美点を兼ね備え、ヴァンティッジ仕様が果たした役割を担うよう意図されたモデルである。

正統的後継車

DB5はDB4シリーズ6と呼ぶべきモデルで、名称以外はDB4と事実上同じだ。当初の計画ではDB4シリーズ6という名称をつける予定でいたのだが、細かい改変箇所を数えていくと170に上るという理由から新たなモデル名を与えることになった。しかしその多数の改良のうち、顕著なところをあげればエンジンとブレーキの2点で、DB5のガーリング・ブレーキはすでにDB4GTに用いられており、エンジンの変更点はブレーキよりずっと些末なものばかりだ。つまりスペックを端的にまとめれば、DB4"スペシャル・シリーズ"エンジンの4ℓ版、となる。後に登場したヴァンティッジではウェバー・キャブレターが装着され、見た目がツインイグニッションでない点を除けば、GTエンジンと同じになった。

車の外観もDB4GTの再現だ。例えばボディラインに溶けこんだ魅力的なライトカバーは1959年にDB4GTで初めて現れ、DB4ヴァンティッジと引き継がれてきた。ただし夜間に高速で走らせるには光量が不足していたが。そもそもアストンがDB4GT

DB5はDB4GTとDB4ヴァンティッジのフロントデザインを踏襲している。後期のDB5は周囲をクロームメッキリムが囲んだヘッドライトカバーが備わる。

を誕生させたのは、チューン次第で無限の可能性を秘めた顧客用のレースカーを少量生産するためで、DB4GTはその期待に応えた。その点、DB5にはそんな自信や気負いは見られない。

DB4GTとDB5の重量差は約430lb（195kg）あり、DB5の方が16％も重い。両者の実馬力に大きな差はなかったので、顧客の目を向けさせるためにはDB5のエンジンは出力325bhpだと公表し、DB4最終型よりDB5の方がパワフルな車に見せる演出が必要と思われた。DB5は戦後アストンで、初めてモデル名を示すエンブレムを車体につけたモデルとなった。ところがDB5を買うに当たって二の足を踏む顧客はいなかった。なぜなら映画"007ゴールドフィンガー"に登場して、世界的に名前が知られたからだ。これには皮肉なエピソードがある。映画の中でショーン・コネリーが操縦したDB5は、実はDB4シリーズ5だったのだ。先ほどDB5には独立したモデル名を与えるほどDB4との差はないと書いたが、このエピソードひとつ見ても私の考えはあながち外れていないと思う。先代のDB4は現役が終わるまでに高いステータスを築き上げた。その後継車であるからには、さらなる進歩を示す象徴がどうしても必要で、それがDB5と記したエンブレムだったということだ。

高水準に保たれたバランス

DB5を操縦しても、きちんと整備したDB4が醸し出す比類なき高揚感は感じられない。ましてDB4GTを持ち出すまでもない。むろんエンブレムのせいでこの車の価値が下がった訳ではないし、実際よい車である。まずブレーキはDB4より1枚上手だ。ややオーバースクエアなエンジンにしては回転域を問わず力が漲っている。ただしSU装備で282bhpを標榜するのはいささか楽天的に過ぎる。

スポーツカーエンジンにとって究極の数値はトルクであって、パワーではない。DB5のエンジンにはトルクがある。DB4より40lb-ft（5.52mkg）も増強された（DB4GTとの比較では10lb-ft、1.38mkg大きいだけだ）。後から登場するZFを装備したDB5ではトップギアがオーバードライブになり、

10. ASTON MARTIN DB5

Aston Martin DB5
1963年6月-1965年9月

エンジン：
直列6気筒DOHC軽合金ブロックおよびヘッド
ボア×ストローク　　96 x 92mm
排気量　　　　　　　3995cc
圧縮比　　　　　　　8.9：1
キャブレター　　　　2インチSU×3基
最高出力　　　　　　約280bhp／5500rpm

トランスミッション：
DB4シリーズ5に同じ、ただしシャシーナンバー1340以降はZF製5段MT。後期モデルにはボーグワーナー・モデル8・ATがオプション設定されたが、搭載されたのは少数。

サスペンション：
フロント：ダブル・ウィッシュボーン／コイル、アームストロング製テレスコピック・ダンパー、スタビライザー
リア：リジッド、トレーリングアーム、ワッツリンク／コイル、アームストロング製"セレクタライド"レバー式ダンパー

ステアリング：ラック・ピニオン

ブレーキ：全輪ダンロップ製ディスク

ホイール：　　　　　6.70 x 15インチ

ボディ：
ボディおよびシャシーはDB4シリーズ5に同じ。電動式ウィンドー標準装備。

全長×全幅×全高：DB4シリーズ5に同じ

重量：　　　　　　28.6cwt（1453kg）

最高速度：　　　　約140mph（225km/h）

新車時価格：　　　4250ポンド

DB5 ヴァンティッジ：DB5を除く
キャブレター　　　ウェバー45DCOE×3基
最高出力　　　　　約310bhp／5500rpm

生産台数：　　　　1021台

シャシーナンバー：
DB5C/1251 ～ DB5/2275

以下のシャシーナンバー以降の変更：

1340以降 ― ZF5速ギアボックスが標準装備

1526以降 ― 冷却ファンがエンジン駆動から電動に変更

1609以降 ― "DB5"のエンブレムがトランクリッドとフェンダーにつく。圧縮比が8.9：1に高まる。キャブレタージェット変更。ディストリビューターのグレードアップ。オルタネーターのレギュレーター変更。ルーカス製バッテリーチャージ警告灯変更。ヘッドライトカバー周囲にクロームメッキリム追加。

コンバーチブル（この時代はまだヴォランテではない）には4種類のクラッチが用いられた。シャシーナンバーで分類すると以下の通り：DB5C/1251から1300まで、1501から1525まで、1901から1925まで、そして2101から2123まで。コンバーチブルの生産総計は123台（DB6の章も参照）。

ハロルド・ラドフォードの手により、サルーンからコンバートした"シューティング・ブレーク"が12台製作された。サルーンのシャシーナンバーがあてがわれた。

バイヤーズ・ガイドは第7章を参照されたい。

ASTON MARTIN

DB4ほどの強烈さはないが、バランスのとれた車となった。

右ページ：DB4のリアスタイルと比較されたい。

DB4と比べると平和なクルージングができるようになった。ただし、愛好家に言わせると、この種の車にとって運転が楽というのは、必ずしも美点ではないかもしれない。

もしあなたが今まで乗った一番の高性能英国車がMGかトライアンフ、あるいはビッグ・ヒーレーだったら、DB5は生涯忘れない経験になるだろう。DB4ほど乗る者を魅了する強烈な魅力はないかもしれないが、DB4と比較して各構成要素の水準がバランスのとれた車に仕上がっている。DB4を進歩させれば理論的に行きつく結果がDB5であり、印象的な車ができた。実を言うと、私が最初に気合いを入れて飛ばした高速車がこのDB5だった。当時持っていたMGCは格が下だし、ラピドには期待する方が無理というものだった。自分のDB4に載せるエンジンを物色している最中に借りて乗ったのだが、DB5を疾走させた時のことはこれからも決して忘れないと思う。私にとってDBアストンはこの時以降、本当にいい車かどうかを見極めるリトマス試験紙となった。余談だが、この試験に通って欲しくないと思っていたのに、ものの見事に通過して見せた車が数台ある。

そのスタイルからマセラティ3500が心を掻き立ててくれるかと思ったが、そうはならなかった。このカテゴリーの中でDB4は最善を尽くした。

ヴァンティッジが埋めたギャップ

かつてDB4が辿ったと同じように、次第

78

10. ASTON MARTIN DB5

ASTON MARTIN

DB5は正式なスーパーレッジェラ工法で製作された最後のアストン・マーティンだ。

DB5ドロップヘッド。サルーンに勝るとも劣らぬ優雅なスタイルを持つ。

にDB5はアストン・マーティン一族の血を濃くしていく。静止状態からクォーターマイルを走りきるのに16秒、DB4ヴァンティッジより1秒遅い。速さでDB4に敵わないのは事実だ。0-100mph（161km/h）加速は20秒前後、フルに3秒の遅れを取る。最高速は140mph（225km/h）前後と、似たり寄ったりだ。DB5ヴァンティッジは別として、標準のDB5は車重を増したDB4に過ぎない。

DB5にDB4GTの衣鉢を継ぐに足る資質があるか否かについて言えば、クルマとして洗練されたのは認めるにしても、DB4との差以上の隔たりがあることは明らかだ。確かに遮音性など、DB5の方が洗練された部分もある一方、駆動系などは特別な進歩はない。キャスターアングルが少し変わっただけで、スプリングレートもダンパーもDB4と共通だ。DB5のハンドリングはやや切れ味に鋭さを欠く。

シャシーナンバー1763からヴァンティッジ・エンジンがオプションで導入されるようになり、動力性能の遅れをかなり取り返すことができた。314bhpを公表するが、実馬力とはほど遠い数字だろう。最も高度なチューンを施したDB4GTと便宜的に数を合わせたに過ぎない。しかしDB5ヴァンティッジがもたらした性能向上にはようやくDB4を追い越すことができたという意義がある。カムプロファイルが若干改まった。このエンジンに本当に必要なのはツインイグニッションではないかとの議論もあったが、生産型に採用されるには至らなかった。

10. ASTON MARTIN DB5

ASTON MARTIN

長い年月をかけて確立したアストンのダッシュボード。それぞれの計器とコントロールは決まった位置に収まる。写真のDB5コンバーチブルは内装をボディと同色に仕上げてある。余計なものは一切ついていない。

それでもDB5はヴァンティッジを迎えて大きく前に跳躍した。我らが中古車屋もこのモデルがお気に入りだ。ジェームズ・ボンドにも気に入られていたのだろうか。「お客さん、当然でしょう」

5段ZFギアボックス

走らせるとDB5ヴァンティッジはDB4より車内が静かだ。ひねくれ者と思われるかもしれないが、ヴァンティッジに標準の5段ZFギアボックスは私の意に染まなかった。たまたま乗った車のギアボックスが良い状態でなかったのかもしれないが、デイヴィド・ブラウンの4段よりギアノイズが過大だと思う。DB4より一回り大きい排気量に3基の45DCOEウェバー・キャブレターを組み合わせた効用は走り始めてすぐ分かる。エアクリーナーはないので吸気音は容赦なく室内に飛びこむ。ショートボディのDB4シリーズ4と比べると、重いボディの影響は明らかだ。高速コーナリングを好むドライバーはDB4より集中力を要求される。

DB5ヴァンティッジは中間ギアで走らせると真骨頂を発揮する。DB4より排気量が大きい分エンジン特性が柔軟になり、トルクの絶対値が大きくなった。しかも2速から3速へのステップアップ比が小さくなったので(必然性のある改良ではないにせよ)運転して面白い。数年前に乗った標準の4段MTのDB5の方がずっと状態がよかったにもかかわらず、DB5ヴァンティッジは明らかに進歩した車だった。私はほとほと"ミスター変わり者"なのかもしれない。もう少しノイズが鳴り響く方が好きだなと思ってしまったのだ。概して第1級の車ではあるが、ハンドリングはもっとメリハリが効いているべきだし、スプリングもこれだけの車重にしてはもう一息、固くていい。あるいはセレクタライド(Selectaride)調整可能ダンパーとの相性が今ひとつとも考えられる。DB5ヴァンティッジはシリーズ4 DB4より340lb(154kg)も重い。シャシー剛性が不

10. ASTON MARTIN DB5

足し、テールエンドの動きにしまりがないのだ。なお、高速走行時のテールリフトはこの車でも看取される。

コンバーティブル

予想通りDB5にもコンバーチブルが用意された。造り方はDB4のコンバーチブルとおおむね同じだ。スーパーレッジェラ工法の上半分の鋼管を失うので、残りの主要骨格部分に補強剤を追加してボディがたわむのに歯止めを掛けようとした。しかしご想像どおり、スーパーレッジェラ工法で構築したボディからルーフ部分を除去してしまうと必要な剛性を確保するのは難しい。それでも現存するコンバーチブルに致命的な問題が出ないのは、ビーチの強靭極まりないシャシーのおかげだ。ハンドリングにも悪い影響はない。ただし軽合金製ボディは、時の経過とともにダメージを受けていく。アウタースキンに過度の張力が加わり、やがて断裂線が出現する。DB5コンバーチブルを、例えばポルシェのコンバーチブルと比べてみるとよい。スチールチューブに固定した軽合金製ボディが有するメリットが薄くなってしまう。DB5コンバーチブルはどのコンバーチブルにも負けない優雅で美しい車だ。それに免じて平滑な舗装路専用と割り切ってしまえばよい。

なお、DB5の最後のシャシー37台はDB6のショートシャシー・ヴォランテに用いられた。

トリプルSUのスペシャル・シリーズDB4用を継承したが、排気量は4ℓになった。カムカバーを固定する2本1組のナットに注意。V8が登場するまで、このエンジンがすべてのアストン・マーティンに搭載された。

ヴァンティッジDB5にはウェバー・キャブレターが備わる。

ラドフォード・エステートカー

コーチビルダーのラドフォードは特別注文に応じて12台のエステートカーを製作した。これはとてつもなく贅沢な車だ。なにしろ完成するまでに2度の製造工程を経ているのだ。まずDB5の完成車をラドフォードの工房に搬入する。スーパーレッジェラ工法で造られていることと、デザイン上の関係から、エステートカーへの改造には1つの妥協を余儀なくされた。DB5サルーンの後部、リアウィンドー以降はチューブが1点に収束するため、極めて強靭だった。ラドフォードでは改造に当たってこれらチューブをすべて取り除いた上で、補強用スチール製フレームを挿入した。ラドフォードは見る者を魅了するエステートカーだ。いくつか既製パーツを用いているが、デザインは秀逸で、改造後のプロポーションに無理な辻褄合わせがない。室内の仕上げには一分の隙もない。広大な敷地を管理するカントリージェントルマンにとって、ラドフォードは実用的なファッションアクセサリーだった。この豪華な"シューティング・ブレーク"はしばしば人里離れた、草の生い茂る荒野を走り回るのに駆り立てられた。それがこの車本来の役目なのだ。今はランドローバーがこの役目を引き継いでいる。

83

ASTON MARTIN

Aston Martin DB6

アストン・マーティン DB6

DB6は6気筒アストンの中で最も独自性の高いモデルだ。そして最も優れた6気筒アストンの1台でもある。DB5の実態がDB4の1シリーズに過ぎなかったのに対し、DB6はこれまでのDBモデルが辿ってきた段階的進化の道から大きく方向転換を遂げたモデルである。最も注目すべきはボディの構築方法だ。スーパーレッジェラ工法ではなく、プレスメタルを用いて構築した。しかも従来型と比べて重量は増えてなく、一層強靭に仕上がっている。

新しいボディ

DB6はスタイル上のディテールを過去のアストンから取り入れている。例えばリアクォーターウィンドーを見るとDB4GTザガートを思い出す。特有のダックテールは、その源を辿ると遠くプロジェクト214レースカーに行きつく。フロントはオイルクーラ用グリルが開く点を除けばDB5そのものという具合だ。ホイールベースはDB5より4インチ（102mm）長くなり、若干視覚的なバランスを失ったが、私の目には独特の魅力をた

DB6シリーズ1期目の標準モデル。ホイールアーチのリップも、DBS用ホイールもまだない。

Aston Martin DB6
Mark 1
October 1965–July 1969
Mark 2
July 1969–November 1970

エンジン：
直列6気筒DOHC軽合金ブロック／ヘッド
ボア×ストローク　96 x 92mm
排気量　　　　　3995cc
圧縮比　　　　　8.9：1
キャブレター　　2インチSU×3基
最高出力　　　　約280bhp／5500rpm

トランスミッション：DB5に同じ

サスペンション：
フロント：ダブル・ウィッシュボーン／コイル、アームストロング製テレスコピック・ダンパー、スタビライザー
リア：リジッド、トレーリングアーム、ワッツリンク／コイル、アームストロング製レバー式ダンパー
ステアリング：ラック・ピニオン

全輪ダンロップ製ディスク

ホイール：6.70 x 15インチ

ボディ：2ドア4座席。ハンドメイドによるマグネシウム-アルミニウム軽合金ボディ、ただしスーパーレッジェラ工法ではない。カム・テール。DB5より全長が長く車高も高い。ヴォランテ・コンヴァーティブルとラドフォード・エステートの5台ある。シャシーはDB55と同様。

全長：　15ft 2in（4.62m）
全幅：　5ft 6in（1.67m）
全高：　4ft 6in（1.37m）

重量：　　　　　29.5cwt（1498kg）
ホイールベース：8ft 5in（2.66m）
最高速度：　　　約148mph（238km/h）
新車時価格：　　5000ポンド

400/V エンジン（ヴァンティッジ）：
　400 を除く：
キャブレター　　45mmウェバー×3基
最高出力　　　　314bhp／5750rpm

400/SVC エンジン（ヴァンティッジ）：
　400/V を除く：
圧縮比　　　　　9.4：1
最高出力　　　　325bhp／5750rpm

400/FI エンジン：
（オプションのインジェクション仕様；46台）
　400 を除く：
圧縮比　　　　　9.4：1
燃料供給　　　　AE Brico
最高出力　　　　約300bhp／5750rpm

DB6 マーク 2：
　DB6 を除く：
オプションのAE ブリコ製燃料噴射を搭載したエンジン（400/FI）；6J x 15インチ・ホイール；フレアしたホイールアーチ；インテリアはDBSを改良；リア・サスペンションはエア・スプリングによる。

生産台数：DB6 マーク 1　　　　1327台
シャシーナンバー：
DB6/2351/R ～DB6/3599/LC
および DB6/4001/R ～DB6/4081

以下のシャシーナンバー以降の変更
2442以降 ― ウィンドーのウェザーストリップ、押し出し成型品に変更。
2990（ヴァンティッジ）以降 ― レイコック製10インチクラッチに代わって、ボーグ・アンド・ベック製9$\frac{1}{2}$インチ採用。
3186以降 ― すべてのサルーンのクラッチをボーグ・アンド・ベック製に代わって、レイコック製採用。
3361以降 ― サーモスタット・ウォーター・リターンバルブ変更。
3552以降 ― RHDマニュアル車にクランクしたシフトレバー採用。
4045以降 ― ガーリング製サーボ11Aに代わって11B採用。
4160以降 ― ボーグ・アンド・ベック製クラッチ、9$\frac{1}{2}$インチから10$\frac{1}{2}$インチに変更。

DB6 マーク 2　　　240台
シャシーナンバー：DB6Mk2/4101/R ～ DB6Mk2/4345/R

"ショートシャシー"ヴォランテ37台
シャシーナンバー：DBVC/2301/LN ～ DBVC/2337/R

マーク 1 ヴォランテ 140台
シャシーナンバー：DBVC/3600/R-DBVC/3739/R

以下のシャシーナンバー以降の変更
3600以降 ― 電動ソフトトップ装着

3601以降 ― レイコック製クラッチに代わって、ボーグ・アンド・ベック製採用。

Mk 2 ヴォランテ　38台
シャシーナンバー：DB6Mk2VC/3751/R ～ DB6Mk2VC/3788/L

DB6総生産台数 1782台

バイヤーズ・ガイドは第7章を参照。

ASTON MARTIN

DB6独特のカムテールは外観上のはっきりとわかる特徴だ。機能面でも有効に働き、DB6は6気筒アストンの中で最も直進安定性に優れる。特に120mphを超える速度域では効果が顕著に現れた。

たえたパッケージに見える。漫然と見ていたのでは分からない、滋味掬すべき美しさだ。例えば分割式バンパー。フロントビューを優雅に演出するだけではなく、重量軽減に大きく貢献している。

DB6はDB5よりずっと重い車だと広く考えられているようだが、これは正しくない。確かにDB6の方が重いが、同一条件で比べてその差は僅か18lb(8.2kg)に過ぎない。だからDB6のオーナーはなんの代償も払うことなく、広い室内と、さらに重要なことに、過去のDBを遙かに凌ぐ優れた直進安定性を手に入れたことになる。遅まきながらこの美点を発見したのがオーナーズクラブの一部メンバーだ。彼らはDB6をスプリントレースやサーキットレースで走らせ、いい成績を収めている。10年前までは考えられなかったが、こうした現況を呈したのには、DB4の台数が不足しているという以上にれっきとした理由がある。DB6にはDB5に備わるはずだったリアサスペンションが備わっているのだ。リアのデフレクション・レートは132lbから142lb（60kgから64kg）に強化してある。DB5はDB4よりおよそ10％重かったのに対して、DB6の車重はDB5と同じだ。従ってこの強化はハンドリング面でのメリットとして活きた。しかもDB6は生まれながらにシリーズ最良のエンジンを搭載していたのだ。

ボディの構築方法は一新された。DB6のボディはもはやスーパーレッジェラ工法ではないが、トゥリングが消滅する1967年まで"Superleggera"のエンブレムがボンネットについており、今日これが混乱を招く原因となっている。DB6から始まった構築方法は次のモデルに引き継がれただけでなく、今日のアストン・マーティンにも活かされているが、これはスーパーレッジェラ工法とは全くの別物である。軽合金の使用量が増え、スチールの使用量が減った。リアコイルのスプリングレートを見直したことと相まって、前後重量配分の改善に結びついた。

変化は小さいながら室内にも及ぶ。シートのデザインが変わった。座った誰もが好む形状ではないが、私は従来型よりほんの少しだけサポートが良くなったと思う。なにより車内の空間がぐんと広くなった。DB4から8年を経て登場したDB6は、今や子を持つ身となったアストン・オーナーも乗れる車なのだ。

エンジンとトランスミッション

機構面はDB5から受け継いだが、1、2か所、改良点がある。ヴァンティッジ・チューンのエンジンは、DB4GTの排気カムプロファイルを基に開発が進んだ。ウェバーのジェットが改良され、その後、吸入カムにも見直しがあった。マレックの6気筒はDB6に搭載され、その頂点を極める。排気量は4ℓのままヴァンティッジの公表出力は325bhpに向上した。仮にDB5の公表出力314bhpを額面通りに受け取るなら大幅な出力アップではない。しかし一旦走らせれば、体感差には歴然たるものがある。

これまで述べたことには、あなたが運悪くボーグ・ウォーナー・モデル8オートマチックのついたDB6を掴まない限りは、という但し書きがつく。3段のトルクコンバーターが、なるほどノーエクストラのオプションだったのも頷ける。これは箸にも棒にもかからない代物だから手を出さないに限る。このATは少数のDB5にも装着されたが、

86

11. ASTON MARTIN DB6

大方は今ごろ適正なギアボックスに換装されているだろう。1つ念のために申し上げる。交換工賃はもとより、5段ZFに現在ついている価格は気の弱い人の前では口にできないほどの数字である。ボーグ・ウォーナー・モデル8オートマチックを装着したヴァンティッジが存在することを示す資料には今のところお目に掛かっていないが、だれかがそのうち発掘するに違いない。

ATのDB6は端から見る限りれっきとしたアストン・マーティンだ。エンジンのブリッピングを聞くだけならやはりアストンそのものだ。それにATにはそれなりのメリットもあるのかも知れない。どうやってもレッドゾーンまでは回らないからエンジンは疲弊してないはずだ。マニュアル版と比べて走行距離が少ないのはもっと大きなメリットかもしれない。賢明な前オーナーは列車に乗る方を選んだに違いないからだ。しかし私ならたとえ中で鶏を飼うためとしても持ちたいとは思わない。

話を元に戻そう。マニュアルのDB6ヴァンティッジの動力性能は並はずれている。静止状態からクォーターマイルを走りきるのも、0-100mph（161km/h）に到達するのも15秒前後、ほぼDB4GTの領域だ。DB4GTが生産中止になってからアストンがDB6を登場させるまで2年半を要したが、ロードテストの数値はようやくアストン本来の数値に戻った。

進化した走行安定性

期待を遙かに上回るいい車だ、DB6 MkⅠヴァンティッジを走らせた私は率直に

トータルバランスが幾分崩れたが、独特のエレガンスをたたえるサイドビュー。

ASTON MARTIN

ピットレーンに憩うDB6。

そう思った。コーナリング中のバランスがDB5よりずっと良いし、パワーの差は明らかだ。私が乗ったDB5はエアクリーナーをつけていなかったので、キャブレターの吸気音が実際以上に印象を良くしていたのかも知れない。一方、DB6の三角窓が終始風切り音を立ていらだたしい。どうやっても完璧なシーリングができない。これが若干マイナス要因となり、ここまでのスコアは互角だ。

リアサスペンションの動きはとても良い。強化したスプリングと、徹底した点検整備を受けたダンパーのおかげで自分と車は一体なのだという自信が徐々に湧いてくる。コーナリングの際、接地力の限界が近づきつつある様子が手に取るように分かる。ついにリアが堪えきれずスライドを始めても、車の動態バランスは完璧に保たれたままだ。この局面では長いホイールベースが有利に働く。短いシャシーほどハンドリングは良いと教えられて育ってきた私にとっては予想しなかったメリットだった。車のコーナリング特性はそれほど単純ではないのだと身をもって知り、驚いたと同時に嬉しくもあった。

抜群の直進安定性も予想外の新事実だ。はっきりとスポイラー効果を発揮するテールと、長めのホイールベースが功を奏している。120mph（193km/h）で走行中のDB6の中で、ドライバーは従来のいかなる6気筒アストン・マーティンよりリラックスしていられる。例のテールリフトも体感するまでには至らない。レースが育んだカムテールを備えるDB6は法が許す2倍のスピードで

11. ASTON MARTIN DB6

走ってもがっちり路面にへばりついたままだ。長距離旅行の足としてDB6は最も実用的な6気筒アストンだ。わずかにぎこちないルーフラインなど、一度走らせればすぐに頭から消し飛んでしまう。

DB6マーク2

DB6には発展型がある。ほぼDB7の呼称が決まりかけたところ、一転してマーク2と呼ばれることになった車だ。発表になったのは1969年7月、ホイールアーチにリップがついているので簡単に識別できる。DBS用の幅広ホイールを収めるために必要な処置だった。DB6は3年間、DBSと平行して生産された。1970年11月、DB4直系の最後の末裔がニューポート・パグネルの工場からラインオフした。一方、DBSは生産が始まって3年の間に、自ら盤石の地位を築いていた。

AE ブリコ（AE Brico）製の燃料噴射がマーク2にオプションで用意され、これを装備した車が46台販売されている。今日オリジナルを保った燃料噴射版はごく珍しい。大半がウェバーに換装されたからだ。それでも元は燃料噴射だったマーク2は俊足だ。この装置は圧縮比の高いヴァンティジ用のシリンダーヘッドとペアで装着されたからだ。

DB6マーク2をDB7という呼称にしようとしたのは、一般的に考えられている程、つかの間の思いつきではなかった。なにしろ専用のエンブレムを造るところまで行ったのだ。一方、このころDBSの生産は順調に進行していた。格別思い入れの強い支持者は別として、だれもがマーク2はDB6の派生型に過ぎないと認めざるを得ない状況だった。呼称の経緯はともあれ、マーク2は最良のDB6に仕上がった。ハンドリングはさらに磨きが掛かり、外観も目的に忠実で申し分ない。

コンバーチブル

ここでコンバーチブルに触れておこう。ようやく私たちはこれをヴォランテと呼ぶことができる。今日に至るまでアストン・マーティンのコンバーチブルを何と呼ぶかについて、細かい部分にこだわった議論がずいぶんやり取りされている。しかしイタリア語で"飛行"を意味するヴォランテの呼称が正式に使われたのはDB6からだ。

ここでもジェームズ・ボンドとの繋がりがある。"007／サンダーボール作戦"（1965年公開）に登場する悪役は、ボンドのアストン・マーティンDB5顔負けの奇抜な飛び道

DB6のエンジン。マレックの設計はここで頂点を極めた。

DB6はDB5よりホイールベースが長いおかげでリアシートにもなんとか座れるようになった。ヴォランテでも最小限のスペースを確保してある。

ASTON MARTIN

DB6ヴォランテ。

具を満載したボートの持ち主だった。この映画では2度目の登場を果たしている。そのボートの名前が"ディスコ・ヴォランテ"、つまり空飛ぶ円盤というのだ。

　DB6ヴォランテ最初の37台はDB5のシャシー上に構築されている。ただし5と6とでは基本的なボディ構築方法が別なのだから、これら37台はDB5だ。あるいは言葉を変えれば、スーパーレッジェラ工法で構築されたDB6が37台だけある。このことからDB6ヴォランテは3つのグループに類別できる。まずDB5車。DB6より短いホイールベースに構築されているので"ショートシャシー"と呼ばれる。製造期間は1965年10月から1966年10月まで。第2のグループは、過去に遡ってマーク1と呼ばれる車。140台が、1966年10月から1969年7月まで製作された。第3は38台のマーク2。生産期間は1969年7月から1970年11月までである。

　これまで述べた"第2世代"は基本的に全てDB4の一派で、共通のテーマに基づいて造られた派生モデルだ。DBマークⅢと並んで、DB6はシリーズ中最も完成度が高い。初期のDB4には厄介な風評がつき

90

11. ASTON MARTIN DB6

まとったものだ。当時はそういう評価が下っても致し方なかった。しかし今日、改良前のベアリングや小さすぎるサンプのままの個体などまずお目に掛かれない。問題の根源はそういったパーツにあったのであり、今は対策部品が用意されている。

"第2世代"の中で、手は掛かるが楽しいのはDB4だろう。一方、DB6が最も実用的なのは間違いなく、装備品にしても全体の振る舞いにしても現代の車に最も近い。見た目の印象から"切れ味がなまった"と思われがちだが、試乗すればたちまち分かるように事実ではない。

可哀想なラピドにも一言付け加えておこう。いろいろな批判も風評も立っているが、価値のある車だ。アストンはずっと後になってこれと似たモデルを出すのだがやはり同様な評価を受けた。しかしスピードの出る豪華な4ドアサルーンとして、事実上ラピドと同等に渡り合えるライバルはない。ラピドは新車の時から売れ足の速い車ではなく、今でも持ち主から次の持ち主に渡るスピードはしごく遅い。つまり特定のファンを獲得している訳で、これは喜ばしい事だと思う。

マーク2ヴォランテにはDBSのシートとステアリングホイールが備わる。

DB6エステートカー

ラドフォードDB5 "シューティング・ブレーク" がデザイン上破綻なくまとまっていたのに対し、DB6版はうまく行かなかった。これもサルーンがベースとなったが、独特のカムテール形状がエステートカーではいかにもそぐわなかった。不滅のオースティン・アレグロのデザイナーはDB6エステートからインスピレーションを得たに違いない。不滅とは、あの哀れな代物がいつまで経っても消えてなくなる様子がないのでそう言ったまでだ。7台が造られた。

ASTON MARTIN

Aston Martin DBS

第3部 デイヴィド・ブラウン時代：第3世代
アストン・マーティンDBS

アストンはDB2とDB4でやってのけたのと全く同じことをしようとしていた。そして1967年、DBSでアストンはハットトリックを演じる。

前の2モデルに引き継がれていた1950年代調のデザイントレンドから、アストンはDBSで大きな方向転換を果たしたのである。

DB4系列の末裔である先代のDB6は、やや旧態化が目立ち始めており、一般的にはDB4やDB5から一歩後退した車であると受け取られていた。それは事実ではないが、深刻な景気後退が販売に打撃を与えたのは間違いない。DB6は生まれた時から売れ足は決して速くはなかったが、その理由は何によりもマクロ経済的な問題が原因である。景気低迷による販売不振はDB6にずっとついて回っていた。

DBSのデザイナー、ウィリアム・タウンズ

ウィリアム・タウンズは自動車デザイン界の外縁でもがいていた。ドアトリムやハンドル、そのほか雑多で細かいパーツをいじくり回していた。アストン・マーティンにシートデザイナーとして迎えられると、DBSのプロ

DBSヴァンティッジの傍らに立つジョン・ボルスター。ハイチューン版エンジンはマレック"シックス"のベストで、ノーエキストラのオプションだった。それでもこれに手を出さない顧客がいた。

12. ASTON MARTIN DBS

ジェクトに参画し、水を得た魚のごとく生き生きと働き始める。DBSに座ってみれば分かるが、タウンズの設計したシートはすこぶる出来が良い。タウンズがクレイモデルで創造した形はほぼそのまま生産化され、その後四半世紀、核となる造形は変わることなく同社を支え続け、やがてヴィラージュの時代を迎えるのである。

シャシーとボディ

DBSのシャシーは、すでにそれ自体大柄なDB6のシャシーを4.5インチ（114mm）拡幅し（ちょっとやり過ぎだ）、エンジンを後方に配置するためにホイールベースを1インチ（25mm）伸ばしてでき上がった。ボディ自体はDB6より短く、全体として1.5インチ（38mm）短縮された。全幅は6フィート（1830mm）ちょうどだったから、6インチ（152mm）広いことになる。

ボディのデザインは、過去への敬意を払いつつ、未来を先取りしたインパクトの強いデザインだ。DB4/5/6と連綿と続いたグリルを直線的にデザインすることで、現代化させている。ヘッドライトはアストン初の4灯式を採用、フロントフェンダーは頂部でエッジが立っている。フランク・フィーレイ的タッチであり、DB3Sを彷彿とさせる。獲物を狙って地に伏す野獣のようであり、目的に忠実でかつ大柄だ。実際、車重は31.25cwt（1589kg）に達する。

今日、DBSのデザインは4ドアサルーンを意図したものだったとする説がある。この説では、シリーズ1ラゴンダV8で具体化されたコンセプトであったという。これが事実とすれば、DBSの幅がこんなに広くなったことにもある程度説明がつく。短くした分、だれかが釣り合いをとって狭くすることを忘れたかのようだ。美的観点からすれば、これは麗しいアクシデントだった。

エンジン

V8エンジンの準備が間に合わなかったので（詳細は次章参照）、DB6の4ℓユニットが搭載された。標準とヴァンティッジという2チューンが用意され、後者は追加料金なしのオプションだった。マニュアル仕様のヴァンティッジは、スーパーカーの仲間入りはできないまでも、まず完璧な性能を発

Aston Martin DBS
1967年10月 - 1972年5月

エンジン：	
直列6気筒DOHC軽合金ブロックおよびヘッド	
ボア×ストローク	96 x 92mm
排気量	3995cc
排気量	8.9：1
キャブレター	2インチSU×3基
最高出力	約280bhp／5500rpm

トランスミッション：DB6に同じ

サスペンション：
フロント：ダブル・ウィッシュボーン／コイル、アームストロング製テレスコピック・ダンパー、スタビライザー
リア：ド・ディオン・アクスル、トレーリングリンク／コイル、アームストロング製レバー式ダンパー

ステアリング：ラック・ピニオン

ブレーキ：全輪ガーリング製ディスク、リアはインボード式

ホイール：6J x 15インチ

ボディ：
新しいウィリアム・タウンズ製ハンドビルドによる4シーター2ドア軽合金ボディ。ツイン・ヘッドランプが特徴。シャシーはDB6に近いが、幅が広い。

全長：	15ft 1¼ in（4.6m）
全幅：	6ft 0in（1.83m）
全高：	4ft 4in（1.32m）
ホイールベース：	8ft 6¾ in（2.61m）
重量：	31.25cwt（1,589kg）
最高速度：	約142mph（228km/h）
新車時価格：	5800ポンド

DBS AM Vantage
1972年5月 - 1973年7月

DB6にもヴァンティッジ・エンジンをオプション設定。ヘッドランプはシングルタイプに変更、グリル変更。その他についてはDBSに同じ。

生産台数：
DBS　　　　　　　829台
シャシーナンバー：
DBS 5001/R ～ DBS 5829/R
AM ヴァンティッジ　71台
シャシーナンバー：
AM/6001/R ～ AM/6070/R

トゥリング・ボディのDBS

　これはミラノに本拠を置く老舗カロッツェリアが最後に造ったうちの1台だ。ニューポート・パグネルとトゥリングの関係は実に良好で、2台製作されたこの車は1966年ロンドン・モーター・ショーに展示された。ボディはトゥリングのトレードマークである伝統的なスーパーレッジェラ工法で造られている。今見ると、生まれたばかりのランボルギーニ初期モデルに影響を与えたと思われる。

　トゥリングDBSはいくつか問題のある車だった。短縮したDB6のフロアパンを用いつつ、エンジン搭載位置をDB6より10.5インチ（267mm）も後方に移動し、ほぼフロントミドシップとした。これで2座席とせざるを得なくなったが、理想の重量配分を得たハンドリングは素晴らしかった。ところがボンネットを開けてもその下にエンジンはない。シリンダーヘッドを脱着するにも、エンジンを丸ごと降ろさないとできなかった。ごく控えめに言っても設計段階のミスだ。この車がシリーズ生産に至らなかったのは残念だが、本来のDBSは順調に開発が進んでいた。

揮した。0-60mph（97km/h）は約7.5秒、100mph（161km/h）には約18.5秒で到達した。最高速はちょうど140mph（225 km/h）の大台に乗り、DB4よりわずかに速くなった。400lb（182kg）も車量が重いのだからこれは立派な数字だ。しかし超高速域では、DB4が呼吸を回復する余裕があるところでDBSは完全に息切れした。

　話は変わるが、イギリスの中古車販売業者はDBS6と呼んでいるが、こういう呼称は存在しない。DBSといえば6気筒モデルを指し、これになにも加える必要はない。

ド・ディオンの採用

　ハロルド・ビーチのシャシーは、ついにド・ディオン・リアアクスルを獲得した。かねてよりラゴンダ・ラピドといくつかのレーシングマシーンに試用されたものの、実力を発揮していないと判断されてきたド・ディオン・アクスルだったが、DBSに採用されるとハンドリングは飛躍的に改善され、常に後輪は路面に対して垂直に保たれた。このおかげでDBSは市販アストン・マーチンの中で最も足下の確かなモデルとなった。増大した車幅と車量はこの車を変幻自在に振り回すには不利だったが、周囲に十分な余裕がある状況で試してみる分には差し支えない。充分ドリフト体勢にも持ちこめるが、これは然るべき幅のある道路なら、という条件つきだ。

快適な高性能車

　室内は実に広々している。アストンにして初めて、（裕福な）4人家族が快適極まりな

DBSのフロントはクリーンにして見た目に心地よいことに注意してウィリアム・タウンズはデザインを手がけた。DB3Sに一脈通じる、中央で一段上がっている伝統のグリルを反復していることにも注意。

12. ASTON MARTIN DBS

い長距離旅行を楽しめる車である。これでオプションのエアコンディショナーが付いていれば言うことはない。非常に心地よい車で、これと言った欠点はない。

動力性能は先代モデルほど活発ではないが、車幅そのものと、信じがたい駆動力のおかげで実際以上に高性能だと感じる。こんなに速い大型車などまずお目に掛かれない。いうまでもなく、今ならエンジンをチューンすることも可能で、そうなるとDBSは掛け値なしの高速車に一変する。

外観は素晴らしく美しい。熟成したマレック6気筒による動力性能は依然きわめて強烈で、飛躍的に進歩したリアグリップがパワーをきっちり路面に伝えるため、先代モデルに対して負う出力重量比でのハンディを補って余りある。このド・ディオン・レイアウトには盤石の信頼を置いて良い。安全な車だと肌身に感じることだろう。しかもこのサイズにしては俊足だ。以前からなにかとDBSをあげつらう声が多いが、どれも根拠のない批判ばかりだ。

この車をスピード不足だと感じる向きもあるようだが、私は賛成できない。あえて問えば、DBSがスピード不足と言うなら、次のモデルはパワー過剰の批判を受けるのだろうか？

"終生持ち続ける車"に値する車があるとすれば、この車かあるいはDB4だと思う。私は車庫にエキゾチックカーをずらりと並べている羨ましい身分の男を知っているが、彼は普段の足にDBSを使っている。

バイヤーズ・ガイドは第15章を参照いただきたい。

DBSから派生したラゴンダはブラウン時代に造られ、ごく少数がカンパニー・デヴェロプメンツ時代に販売された。フロントがAM V8仕様に改まっているのに注意されたい。

ASTON MARTIN

Aston Martin
アストン・マーティン DBSV8

　ここからが本当のスタートだ。刷新されたビーチ設計のシャシーとタウンズのスタイリングを組み合わせることで、美しくキビキビとした車、DBSができ上がった。これを追うようにして登場したタデック・マレック設計のV8は、信じがたいまでのパワーを発揮した。率直に言ってDBS V8は大人のための車だ。

　V8ユニットのスペックはたいへん豪華だ。4カムV8、ボア85mm、ストローク100mm、排気量5340cc。6200rpmのところにレッドラインが引いてある。主たる部分は先代のDOHC6気筒と同様、全軽合金製で、初期型で350bhpの出力と400lb-ft（55.2mkg）のトルクを発生した。自動車用エンジンの傑作のひとつといえる。しかしその境地に至るまでには困難な道のりを乗り越えねばならなかった。

V8エンジン

　タデック・マレックは、かねてより自作の直列6気筒に代わるエンジンの開発を始めていた。手慣れた4カムのレイアウトを持つ4.8ℓV8が、テストベッドに姿を現わしたのは1965年だった。この頃までに6気筒は見事に成熟していたから、基本構成は全軽合金製ブロックに鋳鉄ライナーという理論的に妥当な組み合わせに落ち着いた。

　「このエンジンもレースに使われるのではないか」と、マレックはこの時も気を揉んだが、6気筒が実戦で好成績を収めていたので、今度は多少気が楽だった。2台のロ

初期型V8のリアデッキ。デザイン処理はDBSと同じだ。

ーラT70に搭載して、1967年のルマンを走らせると決まった時も喜んで賛成した。

アストンは、DP215の派生型にV8を搭載する案も検討した。しかしエンジンの準備が整う頃に、フォードGT40とその近い親戚であるローラT70が登場、2台のミドエンジン車の前には、フロントエンジンのDP215は一気に時代遅れになってしまった。GT40とT70には共通点が多かった。ローラの設計家であるエリック・ブロードレイが膨大なインプットをフォードに注入したからだ。

レースは血統を純化する。まあその通りだが、その過程で造る側の面子が潰される場面もある。軽量化を推進したあまり、このブロックの構造はまったく強度が足りなかった。なにしろ450bhpを上回る高出力だ。果たして排気量を5006ccとしたレース用エンジンを搭載したローラ・アストン・マーティンは、2台ともレース序盤でリタイアしてしまった。ミニマリズムの思想で設計した鋳造ボトムエンドは強大な負荷を受けるとひとたまりもなかったのだ。

アストンにとって、ルマンでの失態はどうにも具合が悪い。新型V8を搭載したDBSはルマンの後、同年10月開催のロンドン・モーター・ショーで発表する予定になっていたが、状況からしてこれは最悪のタイミングだった。こうしてDBSのデビューは2年後に見送られることになった。だが、アストンはこの猶予期間を有効に利用し、DBSシャシーに直列6気筒が容易に収まることがわかっていたので、それを製品化した。

6気筒DBSは遥かに優れたサスペンションを備えていたが、車重が重いDB6に過ぎなかった。色々な面で非常に優れた車だったが、一部の顧客は不満の声を漏らした。

Aston Martin DBSV8 (Series 1 V8)
1970年4月-1972年5月

エンジン：
V型8気筒DOHC軽合金ブロックおよびヘッド
ボア×ストローク　85 x 100mm
排気量　　　　　5340cc
圧縮比　　　　　9：1
燃料供給　　　　ボッシュ製機械式燃料噴射
最高出力　　　　約325bhp／5000rpm

トランスミッション：
ZF製5段マニュアルまたはクライスラー・トークフライト3段オートマチック

サスペンション：
フロント：不等長ダブル・ウィッシュボーン／コイル、アームストロング製テレスコピック・ダンパー、スタビライザー
リア：ド・ディオン・アクスル、トレーリング・リンク、ラディアス・ロッド／コイル、アームストロング製"セレクタライド"レバー式ダンパー

ステアリング：アドウェスト製パワーアシスト・ラックピニオン。

ブレーキ：全輪ガーリング製ベンチレーテッド・ディスク、リアはインボード式

ホイール：鋳造軽合金ホイール 7 x15インチ

ボディ：ボディおよびシャシーはDBSに同じ

全長：　　　　15ft 1/2 in （4.58m）
全幅：　　　　6ft 0in （1.83m）
全高：　　　　4ft 4 1/4 in （1.33m）
ホイールベース：8ft 6 3/4 in （2.61m）
重量：　　　　33.9cwt （1725kg）
最高速度：　　160mph （257km/h）
新車時価格：　7000ポンド
生産台数：　　402台
シャシーナンバー：DBSV8/10001/R ～ DBSV8/10405/RCA

V8エンジンの熟成

まず第1に取り組むべきは、貧弱な鋳造ブロックそのものだった。その改良過程の中で、さらに排気量を拡大できると判明し、V8の最終的なボアは85mm、ストロークは100mmとなり、ここから5340ccの排気量を得た。車両に搭載した際の馬力あたり重量は、本格的レーシングエンジンを別とすれば、前代未聞の優れた数字を出した。

マレックは後になってトラブルが発生し、保証クレームに結びつく危険は冒したくなかったので、彼が設計を見直したV8は、途方もなく強靭に生まれ変わった。これを7ℓまで拡大したプライベートのチューニングショップさえ存在するのだ。6気筒より僅か30lb（13.6kg）の重量増に収まっている事実も強調しておきたい。マレックが2年の猶予期間に成し遂げた開発作業の結果に満足したのはもっともだったが、しかしその本人の前にはさらなるハードルが待っていた。

ボッシュ機械式燃料噴射

初期のDBS V8でやり玉に挙がったのがボッシュの機械式燃料噴射だった。この手の装置としては基本的なタイプで、同じV8レイアウトを持つメルセデス・ベンツ600のエンジンも採用していた。この燃料噴射については、擁護側、批判側双方にもっともな根拠があった。

まず批判側の意見はこうだ。保守点検を怠るとメーターリングユニットからガソリンが漏れ、オイルにガソリンが混入する。これは否定のしようのない事実だった。そうなるとオイルの粘性が低下し、そのまま乗り続けるとボトムエンドが大々的に損傷してしまう。また擁護側の論拠も事実だ。適正なセットアップさえ保っていれば、この燃料噴射は比較的故障知らずだ。メルセデスはこの燃料噴射で手を焼いたことはない。もっとも、メルセデスの鋳鉄ブロックはアストンのエンジンで経験されるような高熱に達することは滅多になかったのだが。

1970年代初期、オイルショックから不景気が蔓延した。不要不急品の価値が下落し、本来アストンを持つことなどなかった人々の手に落ちたDBS V8は数多い。3000マイル毎のオイル交換と、燃料噴射装置の定期点検を怠ると必ず故障し、その修理代は高価についた。

DBS V8は低回転でのトルクが薄い。だが、これと折り合いをつけて走るのはそう難しいことではない。いきなりドカンと来ない分、渋滞の中をそれなりに這いずり回ることができるのだ。だが、このV8は低回転でハンチングを起こす性癖がある。

ひとたび回転に乗ると、パワーが怒濤のごとく押し寄せる。0-60mph（97km/h）は6秒、0-100mph（161km/h）は14秒プラスだ。最高速は160mph（257km/h）を僅かながら超えるが、この超高速域でもエンジンは6000rpmで回っているに過ぎない。DBS V8が誕生する10年前なら、スポーツレーシングカーでしか経験できなかった動力性能だ。もちろん代価は安くなく、V8の燃料消費率は6.3メルセデス並みだ。好き放題に回すと燃料噴射のDBS V8は1ガロンで9マイル（約3.2km/ℓ）しか走らない。通常走行では16～20マイル（5.7～7.1km/ℓ）は行くが、ロールス・ロイスの方が燃費は良い。

DBS V8への高い評価

DBS V8の初期トラブルが一段落する頃までに、アストン・マーティンが第1級の自動車メーカーに返り咲いたことは誰の目にも明らかだった。アストンがようやくDBS V8をあるべき姿に開発したこともこれまた明らかだった。このモデルはほとんど基本部分に再設計を受けることなく1世代を生き抜くことになる。

実際に走らせてみるとDBS V8のスピードは並大抵ではない。マニュアル仕様では2速でモーターウェイの法定速度に達し、その上にまだ100mphが待っている。走り始めてしばらくは車の絶対的なサイズを把握しきれない。幅が6フィート（1820mm）もあるのだから、どんな標準をもってしても広々している。この図体のボディに345bhpのパワーだから、ドライバーはこれから先を考えると内心怖じ気づく。燃料噴射による低速域でのレスポンスは決して鋭くないが、中間回転域まで回すと快適になり、車が1回り小さくなったように感じる。DBSでも同様な感触を示したが、排気音は別物だ。

DBS V8以降、アストンは方針としてエンジン出力を公表するのをやめてしまったが、パワーは社内で345bhpと見積もられている。DBS V8の車重はDBSより300lb（136kg）前後重いが、このV8がもたらす加速力と最高速は、ヴァンテッジ・チューン6気筒では足下にもおよばないほど速かった。

6気筒ヴァンテッジの実力は公表値を大きく下回っていたのだろうか。ここで『The Autocar』誌のとった態度はマスメディアとしてたいへん評価できる。「アストン・マーティンが公表したDBSのパワーカーブに嘘はない。むしろDBS V8の実馬力は345bhpではなく375bhpが出ているに違いない」と論評したのだ。

オープンロードに出る。DBS V8の走りはDBSとはまったくの別物だ。リッターあたり60bhpという"軽い"チューンだが、4000rpmを超えるとトルクがもりもり湧き出る様は6気筒ユニットと一脈通じる。それ以下の回転域では実際より遙かに排気量が小さいように感じる。操縦席に一人で収まったあなたのすぐ横に、愚か極まりない誘惑がいつも同席している。この種の車で必ず起こる現象だ。

ドライバーの心中はともあれ、DBS V8は実に洗練された身のこなしを見せる。この大柄な車にして、"走る"、"止まる"はもとより、"曲がる"の基本動作をきちんと両立させているのは新鮮な発見だ。エンジンは鋳鉄ブロックを持ち、バネ下荷重は小さいをもって良しとすると学んだ私は、このサイズにして一切破綻を来たさないDBS V8の挙動に唖然とするばかりだった。

ド・ディオン・リアアクスルは駆動輪を常に路面に対して垂直に保ち、容量のたっぷりしたスプリングとダンパーは大きな車幅をものともせず、ピンポイントの精度で車体を進行方向に保つ。思わずドリフトの誘惑に駆られるが、あっけないほど簡単にできてしまう。スプリングはノーマルでも充分固いが、アームストロング製の調整式ダンパーを調整すれば、背骨がずれそうなほど固くすることなく、足下を一段固めることができる。LSDの働きには全幅の信頼を置いて良いが、公道上でその存在を知る機会は滅多にない。サーキットなら話は別だが。

この車と一体感をもって走りたい向きは、たいてい5段ZFギアボックス仕様を所有している。初心者は年中シフトアップの必要に駆られている気分だろう。なにしろこのエンジン、ちょっと気を抜くとたちまち5000rpmまで跳ね上がってしまうのだ。

クライスラー製のトークフライトATも秀逸だ。大排気量V8を念頭に設計しただけあって、DBS V8との相性も申し分ない。シフトアップポイントを後ろにずらし、標準より高い回転数でシフトアップさせるアフターマーケットのコンバージョンキットがある。これを取りつけているAT車が多いことからも、その効能は明らかだ。

DBS V8の注意点

ブレーキは現代の水準に達していないものの、この車の動力性能には充分だ。リアがインボードのガーリング製ベンチレーテッド・ディスクは、オーバーヒートする傾向がある。原因はリアアクスルからの放射熱だ。この症状は極めてハードな操縦をしない限り現れないが、いざ発症するとブレーキフルイドが沸騰点寸前まで沸いてしまう。リ

スクはこれだけではない。ブレーキの加熱が進むとすぐそばにあるデフオイルのシールが致命的なダメージを被りかねない。こうなるとまずブレーキディスクにオイルが飛散し（相当厄介）、クラウンホイールとピニオンがたちまち摩耗する（最悪）。

アメリカには、排気量アップは性能アップの一番の近道との金言がある。この言葉にあなたが一抹の疑問を抱いているのであれば、良く調整の取れたV8エンジンが素早く回転を上げる様を見れば、なるほどと思えるはずだ。この場合、"良く調整の取れた"というのがキーワードだ。次の章ではアストンのV8を所有するに当たって、問題となる点を取り上げて検討するつもりなので、ここでは燃料噴射をきちんとセットアップしないと失望する羽目になるとだけ申し上げておく。それにしても現代の進歩したオイルは、このエンジン全体に目に見えて良い効果をもたらしている。インジェクターポンプの信頼性など数値が証明する効能がある。

これまで述べたことからお察しの通り、私はDBS V8にぞっこん参っている。初期型V8のマニュアル仕様はDB4と並んで重要なモデルだと考えている。後期型ヴァンテージに匹敵するパワーを持っているだけではない。初期型スタイルを構成する純粋なラインを後期型はついに凌駕することはなかった。最初はずいぶんおかしなプロポーションだと思った。

大した技量のない鼻高々のオーナーの助手席に座らされて、大したスピードでかっ飛ばされたことがある。すっかり恐れをなした私は、この車の美点を見過ごしてしまった。読者諸氏にはぜひとも一度ステアリングを握ってみることをお勧めする。直線を走る限り、こちらににじり寄って来るのはジェンセンSPかメルセデス6.9くらいのものだろう。しかし行く先には必ずコーナーが待っているので、勝負はつく。

その後明らかになるように、アストン・マーティンV8は5段階に渡って発展していく。車の本質に変わりはなく、それぞれの段階で別個の呼称もない。DBS V8かアストン・マーティンV8の別があるだけだ。この辺りの事情はDB4とそっくりだ。ディヴィド・ブラウンとアストン・マーティンとは表裏一体の関係だった。だからこそブラウンがアストンを売却した後も、長らくDBSと呼ばれたのである。時のオーナー、フォードも進んでDB7という呼称を選んだ。

ディヴィド・ブラウンとの別れ

1972年、デイヴィド・ブラウンが会社を売却するまでに、アストン・マーティンは長い道のりを辿って来た。同社の製品には連綿とクラフツマンシップが反映されている。反面、その経営状態はこうした工芸品的車を造り、なお利潤らしきものを生むことの難しさを露呈した。極論すれば、良い車を造るほどにブラウンは金を失っていたのだった。

DBSアストンを1台持ちたいなら、V8かそれとも直列6気筒か、決めるべきはそれだけである。もう一度ここで繰り返すが、最近両モデルを取り巻く風評はこの車の類い希なる資質をゆがめて伝えている。比べる相手がDB6だろうとV8だろうと関係ない。DBSは素晴らしい車だ。どんな標準をもってしても足の遅い車ではない。反面、目の玉が飛び出るほどの加速力はない。その時代の最先端技術を駆使し、なお熟成させたグランドツアラーがDBSだ。このモデルならではの魅力をたたえている。

比較するとDBS V8には暴れん坊の遺伝子が備わっている。しかし車好きにとってこの手の車を、タイアから煙が出るほど走らせるのは、他に求めて得られない充足感を伴う楽しみだ。舞台はウェストサセックスのチチェスターから北に延びるA286あたりが絶好かと思う。

バイヤーズ・ガイドは第15章を参照いただきたい。

均整のとれた側面。しかし近づくと大きさに圧倒される。

ASTON MARTIN

Aston Martin

第4部 デイヴィド・ブラウン以降の時代
アストン・マーティン AMV8

1972年2月16日、アストン・マーティン愛好家にとって暗黒となるこの日、デイヴィド・ブラウンは会社をカンパニー・デヴェロプメンツ・リミテッドに売却した。

カンパニー・デヴェロプメンツはイングランド中部ミドランズに本拠を置く、二流どころのアセットストリッピング企業である。アセットストリッピングとは会社資産の収奪をいい、経営不振の企業の有形資産を狙って、低い評価でその企業を買収し、後日その資産を売却して利潤を上げるという、少なくともその当時はイギリス特有の業種だ。

だがカンパニー・デヴェロプメンツは、高級車の販売は景気の後退に敏感で、真っ先にそのあおりを食う商売であるとすぐに思い知ることになる。1970年代の波は世界の先進国同様、イギリスも巻きこもうとしていた。1960年代終わりに兆しを示していた現象が現実の姿を現わし始めた。記憶に残すべきはオイルショック、株式市場の崩壊、週3日労働、テッド・ヒース、そして"ウィンター・オブ・ディスコンテント"*だ。

V8は標準でも素晴らしく速い。心して走り出さないと絶対的なサイズを持てあます羽目になる。

14. ASTON MARTIN AMV8

フォードも関心を示す

　15年後に起こることを考えると、ヘンリー・フォード2世が数名のビジネスマンと短時間ながら顔を合わせた事実は啓示的である。その会合はカンパニー・デヴェロプメンツがアストン・マーティンを引き継ぐ前日に行われた。フォードはかねてよりカンパニー・デヴェロプメンツから、アストン・マーティンの引き取り手として適任だと話を持ちかけられていたのだ。フォードのエンジンとトランスミッションを搭載してアメリカで販売する、つまり、キャロル・シェルビーが何年も前に思いついたアイディア、サンビーム・タイガーとACコブラの再現を勧めたのである。ところがフォードの返事は"ノー"だった。こうしてカンパニー・デヴェロプメンツがアストン・マーティンを買収するに至ったのだ。

上：V8の室内も新たなる展開を遂げた。ラピド以来の豪華なしつらえ。
右：だらけた姿勢は取れないが、AM V8のリアシートは妥当なスペースを確保してある。

オーグル・アストン・マーティン

　1972年1月、モントリオール・ショーを訪れた人々は、初めてカンガルーを発見した人間のような、驚きの反応を示したに違いない。

　オーグルとは技術スペシャリストの集団であり、幸運にも自動車デザインスタジオではない。ここに登場させたのは、デザイナーという人種がとことんクレージーになると、どんなことが起こるのかその一例をご覧に入れたかったからだ。オーグルを子細に眺める前、私は1970年代の悪しき"行き過ぎ"は、男のパンタロンとテレビドラマの"作家探偵ジェイソン・キング"にとどめを刺すと勝手に思いこんでいたのだが、それは間違っていたようだ。極めつけはここにあった。1台でも製作されたことが驚きだとお考えのあなた、実は2台造られたと聞いて目を丸くし、さらにレプリカを作った酔狂な御仁がいると聞いて気絶しないで欲しい。

　趣味のよくない外皮の下はDBS V8だ。美しいタウンズ・デザインがアストンのカタログを飾っていた当時、オーグル・デザイン・カンパニーがどうやってこういう代物を考え出したのか、私には見当がつかない。しかしオーグルの類はこれが初めてではないし、最後でもないだろう。しかも元になったアストンより軽量に仕上がり、重量配分も良好なので、走りは1枚上手だったという。

　最後はまじめに締めくくろう。オーグルは株式市場の周期の絶頂期に発表になった。その直後、市場は大暴落、アストンは再度管財人の下に置かれることになる。投資家諸氏よ、オーグルが次の1台を発表した時はご注意あれ。

オーグル・アストン・マーティン。良く走ったが、なんとも格好がいただけない。

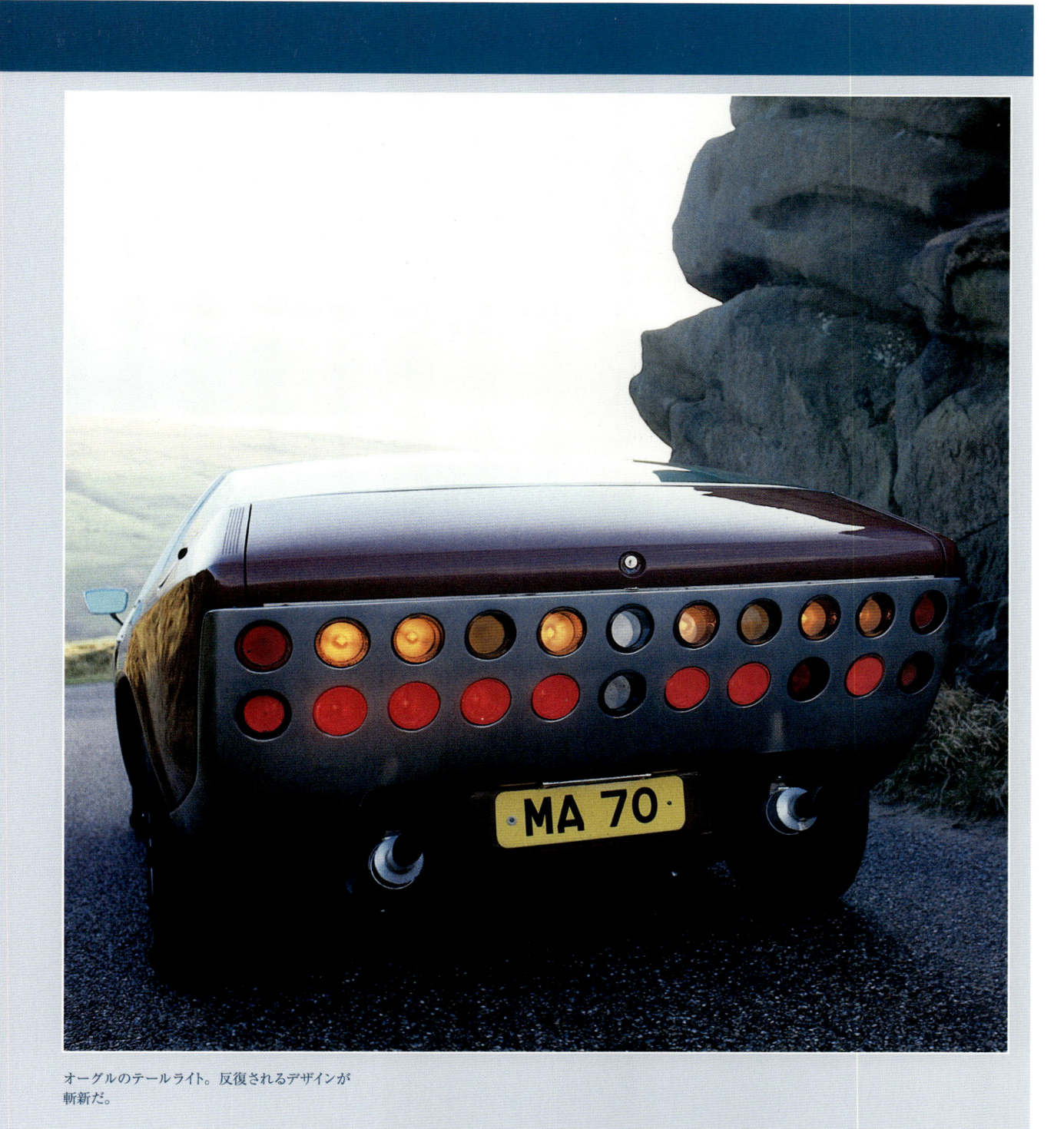

14. ASTON MARTIN AMV8

オーグルのテールライト。反復されるデザインが
斬新だ。

ASTON MARTIN

オーグルに搭載された初期型燃料噴射V8ユニット。

厳しい時代のはじまり

　フォードの決断は実に残念な顛末だった。少なくともフォードの業務計画は景気後退の対応策として、車の販売に大きな推進力になると期待を寄せていたのだ。対照的に、騒ぎが一段落してみると、カンパニー・デヴェロプメンツに買い取られたアストン・マーティンの状況は前と比べて少しも良くなることはなく、やはり管財人の管理下に置かれた上、資産までなくしてしまった。これほど悪いシナリオはない。

　DBS V8とその後継車となったアストン・マーティンV8の差異はほとんどない。最も重要な違いは価格だろう。DBS V8は7000ポンドを少し下回っていたのに対して、新しいAMV8は掛け値なしの9000ポンドに跳ね上がった。公平な価格づけではあったのだろうが、これは痛い値上げとなった。DBS V8をなんとか売り渡さずにいたオーナーにとっても新車の値上げはショックだったはずだ。景気は低迷し、株価は暴落の一途を辿っていた。言うまでもなく原油価格が高騰する前の話である。

　オイルショックが起こると、オフィスでは経理が幅をきかせ、一時解雇とコストカットが蔓延し、アストンの販売は内部から崩壊した。結果として、このブランドの誇りの源泉だった品質管理は急速に弱体化していった。車が売れないため純資産が目に見えて激減し、アストン・マーティン社は苦境に立たされた。レース部門は底値で売り払われ、借入金の返済に充当された。無論、生産車の品質には何の助けにもならない。デイヴィド・ブラウンが売却して1年も経たないうちに、アストン・マーティンは重大な危機に苦悶の声を上げていた。

　アストンはオイルショックの痛打をもろに浴び、さらに財政的破綻によって予想もしなかった悪影響が現れた。アストン・マーティンの中古車価格は暴落し、多くの車両が然るべきメンテナンスを行わない人々の手に渡ったのである。オイルの交換もせず、定期点検では手を抜き、安物の交換部品で間に合わせるような乗り方をすれば、しなやかで力強く美しい車もたちまち煙を吐

14. ASTON MARTIN AMV8

堂々たるアストン・マーティンV8エンジン。外観に相応しいパワーを発揮する。

くポンコツに堕する。ぞんざいにペイントを上塗りされた1970年代初期のアストン・マーティンは、所有するのも走らせるのも悪夢の車となってしまった。詳しくは別項"バイヤーズ・ガイド"に述べてある。

車が投機対象となった時代

1980年代の到来とともに物の価値が飛躍的に上昇することになった一方で、これが引き金となって人々が車のレストアに膨大な金を投じることになったのも事実だ。1987年の株式市場暴落の結果、金融資産はインフレの損害を避けるため国外の銀行に逃避した。この動きは不動産と同じ効果をクラシックカーにももたらした。多少なりとも歴史的な由来のある古い車は、その価値が急上昇した。このブームで最も大きな利益を享受したブランドの一つがアストンだった。第6章で紹介した、私がほんの僅かの間だけ所有したDB MkⅢにまつわる逸話などこれを端的に表している。

ラゴンダ復活計画

カンパニー・デヴェロプメンツ社は一連の経済不況で完全に無力化したわけではなく、ラピドと同じテーマでラゴンダ・ブランドを復活させようと試みた。V8のシャシーを伸ばし、新しいボディを架装した。しかし苦し紛れに送り出したような気配もあり、成功はしなかった。

ラゴンダ復活はすでにデイヴィド・ブラウンが模索済みの企画だったが、今回のラゴンダはジャガー2+2に匹敵するエレガンスを備えていた。つまり悪くいえば格別優雅な車ではなかったが、内容は悪いものではなかった。同型車が5台造られただけで終わった。アストン・マーティンは存亡の危機に首根っこを押さえこまれていた。しみったれた考えしかなく、アストン・ブランドをどう扱っていいのか分からない連中の手にかかっては、避けられない結末に向かっているのは明らかだった。程なく危機は本格的な大惨事に発展していく。

(*注) テッド・ヒースとはイギリスの元首相エドワード・ヒースのこと。ヒースが首相を務めた1970年から74年は、イギリスの政治が古参政治家が舵を取る伝統的体質を脱却し、マーガレット・サッチャーに始まる能力主義に質的変化を遂げた転換期にあたる。ウィンター・オブ・ディスコンテント（不満の冬）とは1978年から79年の冬にかけてイギリス全土で起こった大規模ストライキを指す。鉄道、ゴミ収集など公共サービスはもちろん、墓地の埋葬人組合までを含めたストライキで、国民の日常生活に深刻なダメージを及ぼした。

105

ASTON MARTIN

Aston Martin
AM Vantage
アストン・マーティン AMヴァンティッジ

新しく社主となったカンパニー・デヴェロプメンツは、旗艦であるV8を大幅に値上げした。そこで登場させたのが、アストン・マーティンの"エントリーモデル"となるAMヴァンティッジで、良く吟味されたマレック設計の6気筒エンジンを搭載した。実際、AMヴァンティッジの価格は、会社の持ち主が変わる前の、V8を搭載したDBSと数ポンドしか変わらなかった。

エンジンはDBSの最終型に搭載されたのと同一、ボディも当時の現行型であるア

6気筒ヴァンティッジは、高度にチューンされたアストン市販車の虎の威を借りた車だ。そういう車だったから不発に終わった。

ストン・マーティンV8モデルに準ずるが、ヘッドライトは1灯式で、ワイアホイールが備わる。

必然性のないモデル

AMヴァンティッジは、結論を言えば販売戦略上古いエンジンを持ち出して造り上げた、独自の存在意義のない車だ。あえて擁護すれば、マレック"シックス"を搭載する最良のモデルだろう。AMヴァンティッジは有り体に言って望まれて生まれた車ではなく、魂の抜け殻だったが、1960年代アストンの最良の部分を集めて形にすればこうなるという車だといってよいだろう。成り立ちに破綻はなく、良く走り、パワフルだったが、こういう車を出したのは誤りだ。

ヴァンティッジという呼称を用いたのも誤りだと思う。これまでヴァンティッジと言えば必ず標準仕様よりホットなモデルを指したのであり、単独の車名を示すのに用いられた例はない。15年物のエンジンは、感傷を横に置けば、もはや標準モデルのV8エンジンにあらゆる点で劣っていた。

車のできとしてAMはぎりぎり及第だったとしても、どこを見てもDBSより勝るところはなく、むしろ当時ニューポート・パグネルで幅をきかせていた厳しいコストセーブのせいで造りは若干劣っていたかもしれない。それどころか、2000ポンドも値上げされてもあえてV8を買おうと考えていた顧客の神経を逆撫でることになった。「我々が造った車を欲しがるのは当然だ」と言わんばかりの高飛車なカンパニー・デヴェロプメンツの態度は、週を追う毎に厳しさを増す当時の経済事情におよそそぐわなかった。骨のある伝統的なアストン・ファンなら、いっそDB6を継続生産する方を望んだと思う。広告業界のフレーズを使うなら、AMは目を惹くニュースではなかったからだ。では本当に、V8に2000ポンド値上げする価値があるのか。それならジェンセンかジャガーを買う、という声が現実に上がった。人々はつむじを曲げたのだ。

実に残念な成り行きだった。1970年代のインフレ率は尻上がりに加速していた。銀行が安易な貸しつけを連発したことも、ひとつの原因となった。メーカーは平然と自社製品にそれまでより20％も高い正札につけ替えた。今ならロシアを別として噴飯ものだが、当時のイギリスでは日常茶飯事だった。

もうひとつ、当時、カンパニー・デヴェロプメンツは抜き差しならぬ窮地に追いこまれていた。縮小する市場と高価な固定費の両方を相手に戦いを強いられた。しかし新たに製造業へ取り組むにあたって柔軟な発想はなく、自分たちが手を出した業界の基本、すなわち良い物を見分ける目を持った好みのうるさい顧客に向けて、他社より優れた自動車を造るという原点を踏み違えていた。顧客は好みに合わないと思えば、決して買わない。カンパニー・デヴェロプメンツの計画はいたるところ隙間だらけだった。周囲の状況は厳しく、資本が枯渇していった。その後、状況は一層厳しさの度合いを増す。

もし、AMヴァンティッジは市場戦略のうえで必要な当座しのぎとして格好のモデルだと、アストン・マーティンの新しい社主が考えていたのなら、いかにも甘い判断だと言うほかない。それだけではない。同社は製造業に進出したことに早くも怖じ気づいていた。株式市場は経済大恐慌時代の水準に向かって落ちこんでいる。同社の計画は、現実に触れたとたん崩壊するのは明らかだった。イギリス経済はインフレにたたきのめされており、物の価値は急速に

下落していた。カンパニー・デヴェロプメンツは、その本業さえ危うい。財政破綻の第1段階だ。業務計画にはなんの信憑性もなかった。AMヴァンティッジを生むような、受け身のマーケティングから弾きだした販売予測など何の当てにもならなかった。

AMヴァンティッジは70台が顧客の手に渡った。私はいろいろな専門誌のバックナンバーを当たったが、ついぞこの車のロードテストは見つからなかった。わざわざテストするまでもなかったのだろう。スペックはDBSヴァンティッジと全く同一、どう見てもこの2車は瓜二つなのだから。

倒産

AMヴァンティッジは関係者全員に貴重な教訓をもたらした。アストン・マーティンは些末なブランドではない。もし些末なブランドだと受け取られてしまうような脇道に逸れたら最後、たちどころに神通力を失う。アストンの価格はどう見ても些末ではないが、ここで問題なのは価格ではなくメーカーの姿勢であった。姿勢があやふやだと顧客のブランドへの信頼は揺らぐ。そこが問題なのだ。アストンがデイヴィド・ブラウン帝国の一部ではなくなった今、果たして今後も完成された製品だけを提供するというポリシーを貫くのか、多くの顧客が疑いの目を向けた。その疑問は正しいものだった。1974年末、カタログモデルはことごとく生産中止になり、アストン・マーティンは管財人の手に落ちた。この買収が成功することはなかった。

アストンが破綻するというニュースは大きな波紋を呼んだ。イギリス国内には直接的、間接的にアストン・マーティンに頼って生計を立てている人が大勢いた。関係者の暗い表情にはある種の諦めも宿っていた。政府に救済の手を求めようとする声もあったが、内閣で真剣に審議されるには至らなかった。金持ちの趣味におもねる高級車メーカーという印象を与える企業に、緊急援助を受ける資格はなかったのかも知れない。レイランドが救済を受けたのは有名だし、ウェスト・ミドランズのメリデンに本拠を置くトライアンフのモーターサイクル部門も然りだ。しかし政府はアストン・マーティンとジェンセンには救済の手を差し伸べようとしなかった。

学校に通う子供達（主に少年だが、今残る記録は正確ではない）が自分達の貯金をアストンに送った。ゴールドフィンガー世代が"なにか行動を起こそう"とアピールした。しかし、然るべき買い取り手が現れるまでには6カ月かかった。その間、雑多な仲介ブローカーが入れ替わり現れては消えていくばかりだ。事態は好転の兆しを見せないまま1975年の夏を迎えたそのとき、偶然のような幸運が訪れた。

従業員の連帯

6カ月も管財人の下に置かれ、長く苦しい時間を過ごす間、従業員は絶えず先行き不安に苛まれた。無為に時間だけが過ぎ、レイオフが続き、職人の腕は錆びつき、少しずつ希望が挫けていった。なにより従業員には生き延びる手だてが必要だ。こうした諸々すべてが渦中の企業に打撃となるが、ニューポート・パグネルの場合、従業員の多くは減給、あるいは無給でもここで働く方を選んだ。熟練工の勘は鋭いものだ。これまで有機的に発展してきた現場の共同作用こそ、アストンの存亡を決する要素だと彼らは見抜いていた。これこそ同社製品の礎であり、仮に生き残りの途があるとすれば、折り合いをつけるしかないのだと。

この場合の折り合いとは、ほとんどすべてが個人の賃金にまつわる妥協を意味していた。アストン・マーティンにはこうした従業員の姿勢、労働組合員によるいかにも古風な連帯意識があった。しかも会社の製品は上流階級向けのしゃれた車だ。アストン・マーティンが政府の援助を受け取れなかった大きな理由は、この2つが原因だったとほのめかす声もある。だが私に言わせれば、政府は助ける気がなかっただけだ。

今や会社と従業員は運命共同体だった。管財人の管理下に置かれた状況がだらだら長引くなか、従業員全般の士気は徐々に低下し、ニューポート・パグネルはさらに苦悩を深くしていった。コーチビルダー、エンジンビルダー、内装職人、その他貴重なスペシャリストは一夜にして自分たちにはなんの価値もないと思い知らされた。景気の沈滞はあまりに深刻で、いささかも上向く気配がない、階層を問わず従業員の大勢は本気でそう考えていた。実のところ景気の停滞はすでに底離れしていたのだが、プライドを傷つけられた従業員にはとてもそうは思えなかった。本当を言えば政府でさえ、それに気づいてはいなかった。

新体制による再出発

会社再建への強い意識など、新政府の通商産業大臣に着任したトニー・ベンにはなんの影響も及ぼさなかったのかも知れない。しかし別の所で前向きな反応を惹き起こすきっかけになった。

アメリカ人ピーター・スプラグと、カナダ人ジョージ・ミンデンが、管財人が会社の資産を換金して一掃しないことを条件に、失敗続きの買い取り人の特定作業に終止符を打った。この動きに追従する人物が現れた。アラン・カーティスとデニス・フラザーの2人が間もなくアストン再建の有志グループに加わる。カーティスは今回の経済不況を生き残った数少ない不動産開発業者の1人で、かつてアストン・マーティンの車を所有したこともある愛好家だ。実際アストンを丸ごと買い取る入札に参加するか真剣に考慮したほどだった。フラザーは引退したビジネスマンで、戦前はラゴンダでレースに出たという愛好家だ。

これらの動きによって、さしあたり会社は救われることになり、1975年、アストン・マーティン・ラゴンダ（1975）として再出発を果たすことになった。しかし超過債務清算に追われ、会社は著しく疲弊していた。なんとか組織としての体制が整い、車を造れるようになるまでにまる1年を要した。しかし新社主は大胆な構想を抱いていた。高級車市場の最も普遍的な原則と、確立した考え方に基づいた構想である。1年2カ月の後、彼らは全く新しいモデルを送り出すことになる。

バイヤーズ・ガイド：DBS、DBSV8、AMV8、ヴァンティッジ

1970年代にまともなメンテナンスを受けずにいたアストン・マーティンと現在つき合って、苦い経験をしている愛好家は多い。V8の要注意点を列挙しよう。

1. どのアストンにも共通するが、決定的な鍵を握るのはシャシーの状態だ。シル、ペダルボックス、リアサスペンション・マウントに錆がないか目を光らせる。スチールと軽合金が接合する部分では電解腐食の損傷がないかチェック。水抜き穴が塞がっているとドアの底とトランクに水が溜まる。サンルーフつきのモデルではドレーンチューブも詰まりやすい。燃料注入口下部も錆の出る箇所だ。ボンネット裏側はエンジンが発する熱のおかげで水気が乾くので比較的腐食しにくい。軽合金の溶接は金もかかり、リスクもある。見た目に錆がおびただしい個体は避ける。

2. 事故の損傷があるとすれば普通はフロントクレードルだ。エンジン、サスペンション、ステアリング、ボディ先端部の支持ポイントである。塗装のやり直しは必ずしも見分けるのが簡単ではない。ショールームのなかで頬ずりせんばかりの至近距離から見るのではなく、晴れた日、戸外に出して、斜めから子細に点検する。隣接するパネルのチリがきちんと合っているかもチェック。

3. 定期点検さえ励行すればV8エンジンは故障知らずだ。大々的なオーバーホールなしに6桁の走行距離を刻んだ個体も珍しくない。ただし軽合金製エンジンの常として定期的なオイル交換を要する。軽合金と鉄と鋼鉄（この3つの金属素材の使い分けはアストンの主題の一つだ）の膨張係数はそれぞれ異なるため、ベアリングのクリアランスが短時間の間に変化する。保守点検を怠ったエンジンではベアリングの破損率がてきめんに高い。シャシーでは腐食と損傷が重要であるように、エンジンは油圧が重要だ。油圧計の動きを子細にチェックしよう。マレック"シックス"より低めだが、ベアリングの寿命を保つだけの油圧が出ていることが条件だ。

4. 潤滑系統についてつけ加える。スペックは紙の上でこそおとなしいが、やはりパワーは強大なのでつい乱用しがちだ。ATと組み合わされたエンジンはオーバーレブの危険が少ない分、寿命が長い傾向にある。軽合金製のエンジンをオーバーヒートさせるとただ事では済まないし、V8ではヘッドガスケットの破損も決して珍しくない。外から破損を特定するのは、然るべき機器を持った専門家に任せた方が無難だ。

5. V8エンジンのボトムエンドは、時にオーナーを困惑させる。たとえば、初期型ではクランクシャフトのプラグが緩みやすいのは専門家の間ではよく知られている。油圧が気まぐれに上下する原因だ。

6. ATはクライスラー製で通常は信頼できる。ただし過去にフルイドが沸騰点に達していないかチェックする。5速ZFはノイズが過大な個体がある。まず壊れないが、クラッチは早期摩耗する場合がある。

7. V8の弱点はデフだ。インボードブレーキのためデフはブレーキの放射熱をもろに浴び、トランスミッションオイルの粘性が下がる。さらさらなオイルはシールの隙間を抜けてしまい、ブレーキディスクがオイルまみれになる。熱によりシール自体も劣化し、問題に輪を掛ける。高速走行中デフが機能しなくなったらどうなるかご想像の通りだ。このデフは熱源に近いためトラブルと隣り合わせだ。ことさら注意してチェックする。いざ修理となると作業が大変なだけに高くつく。

8. 内装は手作りだから修復作業は単純だ。ただし費用は掛かる。

カストマイズには費用が掛かる。程度の良い車は必ず見つかる一方、外観は魅力的でも大々的レストアは時間の問題という車もごろごろしている。

個体が全体的にやつれている場合、少なくともシャシーとボディが水準に達していない限り買うに値しない。錆が目立ち、内装がくたびれて、塗装が奇怪な色で、整備点検記録がおざなりなら安くて当然だ。ひとつ頭に入れておいて欲しいのは、有鉛ガソリンはもう手に入らないので、コンディションは良くても悪くてもバルブガイドとシートは交換しなければならない。

ヴォランテだからといって故障しやすいことはない。ソフトトップの修理は高価なのでよくチェックする。

V8のスペアパーツは潤沢にある。作業には心強い。

ASTON MARTIN

Aston Martin
Lagonda

アストン・マーティン・ラゴンダ

　1975年秋までにスプラグ、ミンデン、カーティス、フラザーの4人からなる体制が整い、アストン・マーティン再興が開始された。同年末、カーティスとフラザーが取締役に収まり、1976年の冬も終わろうという頃、4人はニューモデルの可能性を検討していた。

　ウィリアム・タウンズは、かねてよりデザインスケッチを描いており、役員会はこの車がセンセーションを起こすだろうという点で意見が一致した。シャシーはV8を流用するが、カンパニー・デヴェロプメンツ時代に製作された"ストレッチ版"ラゴンダとは異なり、今度のニューモデルは独自のボディを持つことになった。なお新生アストン・マーティン・ラゴンダ（1975）も、カンパニー・デヴェロプメンツ時代のラゴンダを2台製作している。

新生アストン・マーティン・ラゴンダ社は、独創性の高さにおいて世界屈指のメーカーだ。

16. ASTON MARTIN LAGONDA

最先端のデザイン

　ラゴンダ・ブランドは、アストン・マーティンのストーリーが進行する中で端役ばかりを演じてきた。グランドツーリングカーとして戦前に果たした役割を、戦後は一度も再演していない。戦後型ラゴンダは見た目こそ堂々としていたが、内容は平凡な車となっていた。1961年に登場したラピドは数々の点で非常に優れた車だったが、いかんせん高価に過ぎた。この車が果たした役割と言えば、主役であるアストン・マーティンから人の目を逸らせ、会社の資金を浪費したくらいだ。AMV8と共に登場したラゴンダはストレッチしたアストン・マーティンに他ならず、やや怪しげな格好をしていた。戦後ラゴンダが歩んだ道には首尾一貫した主張がなかった。

　したがって、V8のシャシーに手を加え車全体の設計を見直して、まったく新しいモデルを造る決定を下したのは果敢な企業精神の表れだった。経営陣がこのモデルを生んだ理由のひとつは、当時進境著しかった中近東の富裕層に一定の市場を確保したかったからで、この目論見はほぼ達成できた。呼称に関しては直裁にアストン・マーティン・ラゴンダと決まった。ブランドネームよりモデル名に用いた方がむしろラゴンダ復活のイメージに繋がるとの判断から

デジタル表記の計器は創意に溢れており、この種のデザインの草分けになったが、製造コストが高くついた。

111

ASTON MARTIN

ラゴンダのキャビン後部。非常に美しい仕上げだが、驚くほど狭い。

だが、経営陣の読みは当たった。

デビュー当時も今も、ラゴンダのデザインは最先端を行っている。しかも紙の上から車の形になるまでの時間は、わずか8カ月だった。1976年10月、ニューモデルはロンドン・モーターショーに登場、大きな注目を浴びた。1974年、株式市場がパニックを起こして以来、イギリスの景気は一転して急上昇の気配を見せていた。人々は新たなる自信と贅沢を求めていた。新しいラゴンダはそうした世相を形にした車である。

V8のシャシーは乗員を快適に収容できるよう1フィート(305mm)延長された。チーフエンジニアのマイク・ローズビーはサスペンションとステアリングの設定を変更し、ある程度コンプライアンスを残しつつ、腰のある乗り心地を実現した。タウンズがデザインしたボディが良く似合う。室内の特徴は、デジタル表示のダッシュボードで、生産車としては初の試みである。ニューポート・パグネルが送り出した新しいラゴンダは、関係者の目に現代的というより未来的に映った。

ラゴンダの評価

アストン・マーティン・ラゴンダは華麗な車だ。伝統を重んじる愛好家筋は凝りすぎだし、けばけばしいと切り捨てるが、ある意味それこそがこの車の持ち味だ。それに一般メディアをこれほど夢中にした車も他にない。最初に販売されたなかの1台、しかも実動しない車を買いあげたのは、セレブリティのタヴィストック侯爵夫人だという噂にイギリスのタブロイド紙は飛びついた。どうやら支払いはクレジットカードで、夫の記念日のプレゼントらしいと話題をさらった。真相はこれとはいささか異なり、侯爵夫人は実はアストン・マーティンのデザイン・ダイレクターの立場にあって、クレジットカード会社がこの話に喜んで荷担したというから、このエピソード全体が情報操作による演出というわけだ。

ラゴンダは発表になった時から上流階級御用達の車だった。6気筒のAMヴァンテイッジが当時の経営陣が半ば自暴自棄に放ったつなぎの車であったのに対して、アストン・マーティン・ラゴンダの新経営陣は、管財人が辛抱強く待ったことを正当だったと証明して見せた。この車はアストン・マーティンの名前に恥じない丁寧な造りをされており、視覚的にインパクトがあるのは誰もが認めるところだった。よしんば欠陥だらけだったにしても。

実際に生産が始まったのはようやく1978年の4月からである。表示価格は急騰し、1979年までに最初の価格の実に2倍に膨れ上がった。

16. ASTON MARTIN LAGONDA

このころアメリカでは、新生AMLインコーポレイテッドの社長レックス・ウッドゲートが、事の成り行きにほっと安堵のため息をついていた。ウッドゲートは猫の目のように変わる排出ガス規制法が全米を襲い、自社の財源が蝕まれていくのに悪戦苦闘していたのだった。ピーター・スプラグがアストン・マーティンを買い取るにあたり、誰を置いてもまず相談したのがウッドゲートだった。出資者3人と共同して、スプラグが首尾よく管財人から同社を買い取ったのは先の章で述べた通りだ。

ウッドゲートはエンジニアでもあった。1954年、アストン・マーティンに入社する前は、戦争直後のレースで活躍したHWM社で、名メカニックとして知られるアルフ・フランシスと机を並べた経験がある。だからウッドゲートはエンジンのなんたるかを知っていた。僅かな資金で、最初のターボV8をまとめたのはウッドゲートに他ならない。排ガス規制に対応するためのターボチャージャー起用だった。試みは成功したが、生産化には至らずに終わった。ウッドゲートはなんとか現行のキャブレター仕様でアメリカでの型式認定を取ることに成功したからだ。

振り返ってみれば、デイヴィド・ブラウンが会社を手放した1972年からアストン・マーティン・ラゴンダ（1975）として復活する1975年の3年間、新車販売は不振を極めた。1971年から1975年の間、アストン・マーティン社は事実上、修理と部品販売で食い繋いできたのである。

そしてニューモデルは完成した。もっと速いラゴンダを造りたいと声が上がると、アストンの技術陣はターボチャージャーに注目した。1979年後半、公道仕様のラゴンダにこれを装着したところ、500lb-ft（69mkg）のトルクを3500rpmで発生した。恐るべきボトムエンドの力だ。エンジンはキャブレターのままだったが、これが来るべきアストン・マーティンの青写真となる。史上最も獰猛なアストンはそのころ開発の真っ最中だった。

ラゴンダの外観は強烈なインパクトがある。実態も見た目通りの車で、今でも乗ると人目を惹いて気恥ずかしいし、いささか腰が引ける。4ドアのベントレーに乗っても決してこんな気分にはならないのだが。

現在、中古車業者間で流通している数台は、さばければ幸いとばかり叩き売りをされている。連中が築いてくれた市場一掃価格は、我が目を疑うほど安い。中近東出身の私の友人は、子供の頃クウェートで見た新車のラゴンダに完全に魅了されていた。私が車専門のタブロイド新聞をめくって、売りたしの広告を見せると、彼はラゴンダについた値のあまりの安さにあきれた。しかし買いはしなかった。この世の中、どこかにモラルは残っているのだ。

ラゴンダはもっとましな扱いが相応しい車だ。勇気ある作り手が生んだ車であり、登場した当時、極めて斬新な車だった。イギリス中を夢中にし、オーナーにもおおむね気に入られた。なによりラゴンダはアストン・マーティンにいろいろな点で貢献した立役者なのだ。

ラゴンダのエンブレムを戴く最後の生産車。

Development of the V8 saloon
V8サルーンの進化

V8サルーンの生涯を、アストン・マーティン・オーナーズ・クラブ（AMOC）は5段階に分けて定義しているが、V8モデルの基本はひとつだけである。

歴史的な観点から見れば、デイヴィド・ブラウン時代のDBS V8がまず独立したモデルとして存在し、2番目の派生型はアストンの持ち主が変わった後に生まれた初代のAM V8となる。アストン・マーティンの歴史は、これ以降がいささかややこしい。本章では発展段階を追って各モデルを識別する特徴を明らかにしてみようと思う。"売りたじ"の広告では、DBS V8かAM V8としか書いていないから、手短な手引き書を織りこんでみよう。

AM V8

ヘッドライトが4灯式から2灯式に変わり、グリルの天地が浅くなったのがAM V8を見分ける手がかりだ。実はこの時、ボディも2½インチ（64mm）だけDBSより長くなっており、トランクスペースが増えている。見た目の違いはおおよそこれだけで、燃料噴射装置つきエンジンに変更はない。最終減速比はマニュアルが3.33：1に対し、ATでは2.88：1が標準になった。

このいわば"シリーズ2"が、1989年まで生産されることになるV8サルーンの土台だ。なかにはデイヴィド・ブラウン時代のエンブレムをつけた個体があるため、識別がややこしくなってしまった例がある。パーツ倉庫にはまだ在庫が残っていたようで、費用を下げるためこれを使ったらしい。これは、古き良きデイヴィド・ブラウン時代を思い出しながら、ファクトリーの職人が取りつけたのだろうと解釈するのがアストン愛好家の思いやりだと思っているが。

ボッシュの燃料噴射装置は、燃費が悪く、低回転域の吹けがスムーズでなかったので少しばかり評判を落としていた。1973年8月に、代わって4基のウェバー・ツインチョーク・ダウンドラフト・キャブレターが装着になった。技術的後退に思われるかも知れないが、当時、燃料噴射はまだまだ開発途上にあった。こうして生まれた"シリーズ3"は、吸気系を別とすれば"シリーズ2"とほぼ同じだ。ただ、ボディはさらに0.75インチ（19mm）長くなり、遮音材のほか細部が変更になっている。外観上で最も目立つ特徴はボンネット上のエアスクープで、これは巨大なキャブレターのインテークを収めるために上下の丈が増えている。私にはいささか不格好に見えるが、致し方ない。結果として総合的な車の出来はずっと良くなった。キャブレターの採用によりパワーカーブが穏やかになり、その盛り上がり方がスムーズになった。一方、トップエンドのパンチは僅かに犠牲になった。

これまで述べた車は当時も今も、驚異的な高速車だ。ウィリアム・タウンズのデザインはエレガントではあるが、超高速域ではテールがリフトするとの声がかねてからあった。これに応えて1978年登場したのが、オスカー・インディア（Oscar India）だ。オスカーは"O"を、インディアは"I"をパイロットに伝える航空管制の世界独特の言い回しに由来する。同年10月より導入（October Introduction）なのでそう呼ばれているだけで、なにか神秘的な意味がある訳ではない。

車内外には小変更が施された。外観上最も目立つ特徴はトランクリッドにリップ状のスポイラーが備わり、ボンネット上に開口部のないパワーバルジが盛り上がったことだ。車内では、エアコンディショナーが改良され、天井の内張りが革装になって豪奢な雰囲気を醸し出した。

もしタウンズのオリジナルデザインにこだわらず、2灯式のフロントに抵抗を感じないなら、この"シリーズ4"オスカー・インディアはあなたにとって絶好のV8サルーンだろう。特にイギリスの愛好家は保守的な傾向があるので、キャブレターというところが彼らの好みをくすぐるし、インテリアも自己満足の世界に浸るに充分だ。

最終モデル

燃料噴射の技術がようやくマレック・エンジンの要求に応えられるまでに追いつくと、1986年1月、V8サルーンの最終型がニューヨーク・モーターショーで発表された。ウェバーとマレッリ共同開発の燃料噴射を採用したことで、もはやボンネット上のバルジは存在意味をなくし、平らになった。エンジンの公表出力は305bhpと、大した進歩とは思えないかも知れないが、他の部分が熟成したため、車は大幅に進歩した。

ところで、V8サルーンが高度な品質と性能を備えながらアンダーステートメントの基準であることを放棄して、豪華さをこれ見よがしに気取るようになったのはいつの頃からだったのか、意見が分かれるところだろう。アストンの美点を最もよく表わしているのはオリジナルモデルだと、一部愛好家はいい切る。美点も欠点も、一切をボンネットの下に収めている。なによりウィリアム・タウンズのシンプルなボディを端的に表現している。比類なきバランスの良さとラ

17. DEVELOPMENT OF THE V8 SALOON

ブルドッグ

　ワンオフは生産車として日の目を見ることはほとんどないし、生産化されたとしたら僥倖に近い。いわば思索的な小宇宙にのみ存在する車だ。こういう"コンセプトカー"はおしなべて突飛で、見る者に直感的な反応を呼び起こさせるようにデザインされている。ブルドッグもそんな1台だ。

　アストン・マーティン・ラゴンダは市場から賞賛を浴びた。これに意を強くしたアストン・マーティン社はさらなる限界に挑戦しようと決意した。ラゴンダの開発作業をほぼひとりでこなしたマイク・ローズビーがクランフィールドの小さな建物を引き継ぎ、ここで新しいプロジェクト、後のDPK901に着手した。このプロジェクトが、ウィリアム・タウンズが描いた1枚のスケッチと関係があることを否定する部内者はいない。ところが間もなくローズビーはアストン・マーティンを辞して、ジョン・デローリアンの事務所に移籍してしまう。同プロジェクトはローズビーの後任、スティーヴ・コフリンが引き継ぎ、コフリンのもと、キース・マーティンとスティーヴ・ハラムが本社にて作業を進めた。

　1979年秋には車の準備がほぼ整い、80年春に報道陣に発表されるやラゴンダを上回るセンセーションを巻き起こした。車は"ブルドッグ"と命名された。

　目新しい仕掛けには事欠かない。タウンズ一流のウェッジシェイプのボディに、ドアは巨大なガルウィング、燃料タンクは独立したものが4個備わり、バルクヘッドは防火タイプという具合だ。巨大なウィンドシールドは専門メーカー、ピルキントンの特製で、2フィート（600mm）を超えるシングルワイパーがついている。計器は光ファイバーを使用した液晶表示で、ラゴンダ用に開発したものを応用した。エンジンはミドシップに搭載している。

　最高速は200mph（322km/h）を達成するだろうと、設計陣の期待は高まった。過給器を備えたエンジンのスペックを見ればそう考えるのも無理はない。ニューポート・パグネルの一部では、不可能を可能にする象徴として受け止められるようになっていた。このDBS V8は、ラゴンダが辿った道筋とは逆行して、ボッシュの燃料噴射に戻されたうえで、ギャレット製ターボチャージャーを2基備え、600bhp／6000rpmを発揮した。

　だが、ブルドッグは200mphの壁を超えることはできなかった。エンジンに技術的問題が起こり、その解決に手間取ったことと、空力的に膨大なリフトが発生したためだった。最終的にこのエンジンは700bhpを発揮するまでに開発が進められた。1980年も押し迫るころ、MIRAテストコースで挑戦したブルドッグは191mph（307km/h）を計測した。

この"突飛な創造物"DP K9は生産化には至らなかった。おそらく正しい判断だろう。しかしおそろしくパワフルなターボジャージド・マレックV8のテストベッドの役割を果たした。

ASTON MARTIN

"オスカー・インディア"タイプからリアスポイラーがビルトインされた。

17. DEVELOPMENT OF THE V8 SALOON

インの美しさ、それに空間利用の巧みさを両立していると、この一派は主張する。最終型の"パウ・スペック・ヴォランテ"を好む一派もある。パウとはPoW、すなわちウェールズ大公のことだ。これはシープスキンのコートを羽織り、携帯電話を手放さない中古車ディーラーたちのお気に入りフレーズで、チャールズ皇太子が所有する類の車を指す。スポイラーとスカートを着け、ものすごく複雑なホイールを履き、驚愕すべきボディカラーをまとう。それにしても市場の好みはどうなっているのだろう。

景気回復が追い風になり、ようやく充分な資金に恵まれ、アストンの販売は増えた。V8最終モデルは、外観こそ疑問が残るにしても、非常に俊足で、おおむね故障知らずだった。マレックが設計したV8はそもそも頑丈だったが、充分な開発期間を経て完成の域に達した。熟成するに従って最高速は伸び、スムーズになった。V8は本来の姿に成長した。

V8の評価

V8は、現在、一緒に暮らしても問題のない車だろうか。1980年代に入ってよく売れたのは事実だ。そのころ私はといえば、忍耐力をもって、ソレノイドが壊れたDB4ヴァンティッジを押し掛けするのを日課としていた。そんな私の横を通り過ぎていく車はどれも壊れることのないドイツ車かV8のような気がしたものだ。V8が商業的に成功だったのは間違いなく、そのオーナーはたいてい押し掛けをしている私の姿を認めると、車を停めて手を貸してくれた。そういうV8オーナー諸氏の話を聞くと、皆さん満足されている様子だった。

けれども今のご時世、"問題がない"というだけでは足りない。今日の水準からすると、後期型の旧態化は覆いがたい。私は先ほど、最初のモデルが一番だという見解を披露したが、1980年代後期に造られたV8ヴォランテを、たとえばヴィラージュ、新型ポルシェ、あるいは"シリーズ1"DBSV8と並べて比べると、この見解が俄然正当性を帯びてくる。1980年代後半のV8は、1960年代の設計を"現代化"した車であり、しかもすべてがうまくいったわけではない。オリジナルボディに最新スペックのエンジン

を組み合わせれば、最上のV8ができ上がるかと言うとそううまくはいかないのだ。後期型エンジンはスムーズに回るが、引き換えにパンチを犠牲にして得た美点だ。最

アストンマーティン V8の進化

シリーズ 2
生産期間：1972年4月～1973年8月まで
シャシーナンバーと変更内容：
V810501 — カムカバーに"Aston Martin Lagonda"のマークが入る。ヘッドライトが従来の4灯式に代わり、沃素2灯式となる。ラジエターグリルが取りつけ位置に収まるよう形状変更。ボディ全長を15フィート3インチに延長。スペアタイアが平置きになる。トランジスター点火採用。エンジンバルクヘッドの遮音改良。エアクリーナー変更。最終減速比3.33：1（マニュアル）、2.88：1（AT）が標準化。革巻きステアリングホイール。

新車時価格：　　　　　9000ポンド

シリーズ 3
（シリーズ1ヴァンティッジと同時期に生産）
生産期間：1973年8月～1978年10月まで
シャシーナンバーと変更内容：
V811002 — 燃料噴射からツインチョーク・ウェバー・キャブレター4基に換装。冷却水、オイル、トランスミッションの冷却改良。ボンネットバルジの厚みと長さが増える。車体後部の通風ルーバー変更。ボディ全長を15フィート3¾インチに延長。最終減速比3.45：1（MT）、3.07：1（AT）がオプションに加わる。エンジン遮音改良。フロントシート変更。助手席側ドアロックをリモート式に。スイッチギア変更。ヒューズボックス、グラブコンパートメント内に移動。大型灰皿装着。燃料タンクの形状変更。

新車時価格：　　　　　9500ポンド

シリーズ 4 "オスカー・インディア"
生産期間：1978年10月～1986年1月まで
4番目のシリーズ生産期間中、変更は逐次加えられていった。

シャシーナンバーと変更内容：
V812032 — トランクリッド上にスポイラー装着。ダッシュボード、木目トリムにてデザイン変更。天井を革張りに。エアコンディショナー改良。ダンパー変更。AT車にクルーズコントロール装着可能。ボンネット支持にガス封入ストラット。ピストンおよびカムプロファイル変更を始めとするエンジン改良。バルブをタフトライド加工。圧縮比高まる。

新車時価格：　　　　　2万3000ポンド

シリーズ 5
生産期間：1986年1月から1989年10月まで
シャシーナンバーと変更内容：
V812500 — キャブレターに代えてウェバー／マレッリ燃料噴射装置。ボンネットのバルジが消滅して平らになる。BBS軽合金ホイール装着。

新車時価格：　　　　　5万5000ポンド

生産台数：
シリーズ 2　　　　　289台
シャシーナンバー：
　　　　V8/10501 ～ V8/10789

シリーズ 3　　　　　921台
シャシーナンバー：
　　　　V8/11102 ～ V8/12000 および
　　　　V8/12010 ～ V812031

シリーズ 4　　　　　468台
シャシーナンバー：
　　　　V8/12032 ～ V8/12499

シリーズ 5　　　　　202台
シャシーナンバー：
　　　　V8/12500 ～ V8/12701

初のボッシュ燃料噴射エンジンは、最後期のウェバー／マレッリ版に勝るとも劣らないパワーがあったが、初期型エンジンはもっと大切な特質を備えていた。

Aston Martin
アストン・マーティン・ニムロッド

　長寿を誇るV8モデルに大きな動きはないにしても、別の所で変化が生まれていた。アストン・オーナーズ・クラブのメンバーはファクトリーで何が進行しているのかを垣間見るチャンスに恵まれた。1976年6月、シルヴァーストーンで行われたセントジョン・ホースフォール・メモリアル・ミーティングに1台の車が姿を現わしたのである。操縦するのはマイク・ローズビー、アストン・マーティンのエンジニアリング担当重役だ。デモンストレーション・ランだったが、この車はただならぬ気配を醸し出していた。

　エンジンはバルブ、カムシャフト、マニフォールディング、キャブレーションを手直しした相乗効果で、当時の"シリーズ3"サルーンに60bhp勝る450bhp以上を発揮していた。最高速170mph（274km/h）と、それに見合った加速力を有する究極のハイスピードツアラーができあがった。これだけの出力強化をもたらす開発をアストンの技術陣は比較的短時間でこなし、そのうえ信頼性を一切犠牲にすることはなかった。注目すべき事実である。マレックのエンジンはようやく本領を発揮しようとしていた。

チューナーたちの活躍

　言うまでもなく、プライベートチューナーはかねてよりV8のチューンに取り組んでいた。ミドランズに本拠を置くアストン・マーティンのスペシャリスト、ロビン・ハミルトンもその1人だ。彼は1974年に一連の改良を始め、最終的に1977年ルマン24時間レースにエントリーするまでに行きつく。実はローズビーがシルヴァーストーンを疾走していたその頃、ハミルトンは資金不足のため1976年のルマンは断念せざるを得ないと自分に言い聞かせている所だった。ドライバーとしての自分の腕も、自作のレーシング・アストンも準備万端整っていたのだが。

　ハミルトンが手持ちのDBS V8（シャシーナンバー10038）を素材に取り組んだ改良は膨大な範囲に及ぶ。徹底した改良のあまり、いくばくかのスポンサーシップを得る頃にはシャシーナンバーをRHAM001に変えるほどだった。50mmのウェバー・キャブレター、特製のバルブ、コスワース製ピストンを組みこんだエンジンは500bhpを超える出力と400lb-ft（55.2mkg）のトルクを発揮した。これを前にしてはローズビーがシルヴァーストーンで走らせた車も形無しだった。

　RHAM001は純粋なレーサーである。そこかしこに用いたグラスファイバーとジョイント部をテープでシールしたタンクが目立つ。一方、ローズビーが披露したファクトリーカーは今後生産車のベースとなる車両だけに文明的だった。ハミルトンはさらなる準備を進め、デイヴィド・プリースとマイク・サーモンの2人と組み、1977年ルマンで賞賛すべき17位完走を遂げた。

　1978年はやはり資金の問題で出走はかなわなかったが、1979年には2基のギャレット製ターボチャージャーを装着して登場する。このエンジンは800bhp／6000rpmという途方もないパワーを発揮した。少しやり過ぎだったかも知れないが、エンジンの基本構造はこの大幅なチューンにも耐えうることは明らかだった。この年のRHAM001はささやかな成果を収めるに留まった。しかしハミルトンは時を置かず、再度登場することになる。

　このエンジンは大幅な出力向上が可能だ。ファクトリー自身が満足の行く成果を挙げてそれを立証するや、プライベートチューナー達も軒並み同じことを成し遂げた。中には充分な信頼性を残しつつ、リッター当り100bhp近くを何食わぬ顔で出すとんでもない所も出てきた。これらアストン・マーティンのスペシャリストの多くは、独自の方法論を持っており、これを実践するには膨大なコストを要した。レースのたびに高額な請求書を突きつけられ、これからは支払限度額を決めようと思った顧客は1人や2人ではなかった。この動きを受けてメンテナンス専門のスペシャリストが次々に登場した。1980年代中盤、このショップとあのショップと比べるとどっちがいいのだろう、そういう論議がアストンでレースに出場する愛好家の間でかまびすしく論じられた。最後は"あそこは自分でもレースに出ているか"の一言で決着がついた。

ニムロッドの誕生

　1981年末までに、プライベートチューナーもファクトリーもマレックV8のチューンに関して十分な知識と経験を積み、本腰を入れてレースに起用する用意ができた。しかしフロントエンジンでは到底レースに勝つのはおぼつかない。ハミルトンも先刻それは承知しており、ローラの創業者にして、イギリスにおけるスポーツレーシングカー製造の第一人者で有名なローラT70を造ったエリック・ブロードレーに接触する。もとよりT70とアストン・マーティンは縁がある。いや、アストンとしては戦歴だけは忘れたい車だったかも知れないが。それにアストンのチューニング部門はフォードGT40プロジェクトに携わった設計ブレーンとも顔見知り

118

だった。ハミルトンはブロードレーに商業ベースでタブとシェルの製造を依頼し、生まれた車はニムロッドと名づけられた。

ペース・ペトロリアム社がアストンの一部株主になったことが、アストンのレース復帰を促進する材料となった。ペース・ペトロリアムの社主ヴィクター・ゴーントレットは石油を扱うビジネスマンで、言うまでもなく筋金入りのカーマニアだ。1942年生まれのゴーントレットはBPとトタルを経て、弱冠30歳でペース・ペトロリアムを創設した。

1981年後半、ハミルトンはブロードレーとの取り決めを発展させてニムロッド・レーシング・オートモービルズを、ハミルトン、ゴーントレット、そしてピーター・リヴァノスの3者が同額を共同出資して創設する。リヴァノスはギリシアを代表する海運界の名門の後裔だ。リヴァノスにとっては楽しみであり、ハミルトンにとっては財政難から抜ける救いの手であり、ゴーントレットにとっては新たに手に入れた投資対象に弾みをつける絶好のチャンスだった。事が進展するにつれ、ニムロッドの名称はギリシャ神、ネメシスとすべきだったことが明らかになる*。

この頃アストンのチューニングは独立した部門であるアストン・マーティン・ティックフォードが行っていた。ゴーントレットは、エンジンはここが開発したワークス製を搭載すべきと考えていた。しかし問題を呈したのはFIAのレギュレーション変更だった。新レギュレーションは最低重量を従来より200kg（441lb）軽くすると定め、グラウンドエフェクトを発生するシャシーの出走も可能とした。すぐさま出走リストには軽量かつ進歩的な設計の車が並んだ。ニムロッドは一夜にして時代から取り残されてしまったのである。プロジェクトそのものが崩壊し、リヴァノスは手を引かざるを得ないと諦めた。ゴーントレットはそうはいかない。このプロジェクトにはレースに出走する以上に様々な期待を寄せていた。ゴーントレットにとってティックフォード・エンジン開発の予算は、来るべき市販車への投資であった。その考えは正しかったのだが、ゴーントレットは、デイヴィド・ブラウンのみならず、ハーバート・オースティンからルイス・ズボロウスキー伯爵**まで、似通った時代を生きた先人達が辿った道を知ることになる。エンジ

アストン・マーティン・レーサーの3世代。手前左がアルスター、隣がDB3S。後方、横向きが80年代に生まれたニムロッド。

ンをゼロから開発し、レースの実戦に耐えられるまで開発するには常識を超える費用が掛かることを。

ニムロッド・プロジェクトがもたらした成果はごく僅かだったが、エンジンの開発作業を集約化したメリットはあった。そもそもこれが理由でゴーントレットは出資したのだ。よりパワフルな市販車製造に向けて歩を進めるという点で成果は明らかだった。ヴァンティッジ・チューンのエンジン開発はぐんと拍車がかかることになった。

(*注) ニムロッドは聖書に登場する狩猟の名人。ネメシスはギリシア神話に登場する復讐の女神。到底勝てない敵を象徴する。
(**注) ハーバート・オースティン（1866年11月8日〜1941年5月23日）。オースティン・モーター・カンパニーの創設者。ルイス・ズボロウスキー伯爵（1895年2月20日〜1924年10月19日）。本書"デイヴィド・ブラウン前史"に登場している。航空機用エンジンを搭載した"チティ・チティ・バン・バン"で活躍した。

119

V8 Vantage and Volante

V8ヴァンティッジとヴォランテ

V8ヴァンティッジ

　V8ヴァンティッジのほうが、ニムロッドより誕生したのは先である。ワークスによるV8のグレードアップ作業は、ローズビーがシルヴァーストーンでデモンストレーション走行を行ったことからもわかるように、とんとん拍子に運び、生産モデルに行きついた。1977年2月から生産が始まるや、あっという間に世界で最も加速性能のよい生産車と認められた。

　ヴァンティッジが登場したのは"シリーズ3" V8の生産期間中からである。外観上、両車の違いははっきりしている。トランク上の後づけスポイラー、開口部のないラジエターグリルとボンネット上のエアスクープが主なところだが、とりわけ深いエアダムスポイラーが目新しい。ただしだれもがこれを美しいと思ったわけではないだろう。

　"シリーズ4"オスカー・インディアが登場すると、ヴァンティッジにも併せて変更が施され、トランク上のスポイラーはボディに溶けこんだ形状に改まった。機構面は"シリーズ3"からほぼ変更ない。ここで特筆すべきは"シリーズ3"に早くもヴァンティッジのメリットが反映されていたことだ。スペシャルチューンがオプションとしてこのシリーズから導入され、顧客が望めば"シリーズ3"にヴァンティッジと同じチューニングを施したエンジンを搭載することができたのである。このオプションを選んだ顧客はごく少数だったので、現在ホットな"シリーズ3"は大変な希少車となっている。

ヴォランテ

　"シリーズ3"が"シリーズ4"に代わると同時にもう1種のバリエーションであるヴォランテが登場した。1970年中盤から、北アメリカ市場ではアストン・マーティンのオープンモデルを求める声が高まっていた。しかし会社組織の改編や緊迫した財政事情のせいで、アストン・マーティン・ラゴンダ（1975）の経営が安定するまで、コンバーチブルのプロジェクトには着手できないでいた。予算を新しいラゴンダ開発のために蓄えなければならず、1977年になってようやくヴォランテの開発が始まった。嬉しいことに作業の指揮を執ったのは、このシャシーをだれよりも知りつくしているハロルド・ビーチだった。彼がこのシャシーを設計してから早くも20年以上が経っていた。

　アストンがヴォランテの生産に踏み切ったもうひとつの理由は、ライバル社の一つジェンセン・モータースが倒産してしまったことだ。これにより高級なオープンモデルとして独自の存在感を築いていたジェンセン・インターセプター・コンバーチブルが姿を消し、市場にぽっかりと穴が空いた。ビーチはその間隙を埋めるべく作業に取り組んだ。ビーチにとってアストン・マーティン在籍中最後のプロジェクトとなり、これを花道に1978年春にリタイアした。

　"シリーズ3"が生産中であった1978年6月に登場したヴォランテは、開口部のないボンネット上のスクープや、インテリアのウッドトリムなど、"オスカー・インディア"の特徴の一部を先取りしている。最初の生産ロットはすべて北米市場に出荷された。アストンは英国でも問題を抱えていたが、売るクルマがないアメリカ市場での窮状は抜き差しならないものがあり、休業の瀬戸際まで追いこまれていた。サービスおよびメンテナンス業務とパーツ販売でようやく食い

継いできた。1970年代序盤の排ガス規制を通過できず、車の販売は大打撃を被ったのだ。ひたすら売るものが欲しかったところに待ちに待ったヴォランテが発表になるや、アストン・マーティン・ラゴンダ・ノース・アメリカは果敢にも向こう1年の生産分を予約してしまった。

"オスカー・インディア"の世代になって、サルーン、ヴァンティッジ、ヴォランテといういつものラインナップが揃った。次に望まれるのは、ヴォランテにヴァンティッジ仕様を造ることだが、アストン・マーティンは大きなためらいを感じていた。ヴァンティッジが到達する高速域では幌を定位置に留めるのは至難の業だと思われたし、オープンにした際の空力特性がハンドリングに悪影響を及ぼすと考えられたからだ。だからといってハードトップの用意はなかった。

そうした理由から、ヴォランテには"シリーズ4"サルーンの生産期間中には、ほとんど変化はなかった。サルーンが"シリーズ5"に進化するのとタイミングを合わせ、ヴォランテも装備品を新しくするマイナーチェンジが行われ、その際、"オスカー・インディア"とヴァンティッジに装備されたのと同じテールスポイラーが備わるようになった。これ以降のヴォランテをアストン・マーティン・オーナーズ・クラブ（AMOC）では"シリーズ2"と呼ぶが、母体はウェバー/マレッリ燃料噴射とフラットボンネットを備える"シリーズ5"である。

些細な点にこだわるなら、"シリーズ3"と呼ぶべきヴォランテがある。長らく待たれたヴァンティッジ・バージョンのことで、1986年11月から販売になった。サイドスカートが"シリーズ3"ヴォランテの識別点だ。アストン各モデルの核となる設計が、今や時代に取り残されつつあるのを露呈したのはこのモデルに他ならない。トランク上のスポイラーから始まり、フレアしたホイールアーチにいたるまで空力的な付加物をこれでもかとばかりに満載していた。どれもエンジンが発する強大なパワーに対抗するためには欠くことのできないものばかりだったが、多くの人の目にこの車は派手で安っぽく映った。

アストン・マーティンもこれは認めざるを得なかった。もはや技術的に開発の頂点を極めたというのでは十分ではなくなった。潤沢な資金を背景に、ライバルメーカーはアストンと互角の高速性能を誇り、なお動力性能に見合った空力的ボディを架装した車を送り出していた。小手先のボディ変更は根本的な解決策にはならない。しかしアストンには25年前のモデルを最後に、手をつけていない方法がひとつだけ残っていた。今度ばかりは試す価値がありそうだった。

ヴァンティッジのパワー

ヴァンティッジに乗ってひとたび走り始めたら、理性を保つのに苦労する。今日の標準に照らしても、この種の車としては極めて高性能で、肩を並べるライバルが見つからない。失望する点があるとすればたったひとつ、これだけの高性能を発揮できる場面が現実的にほとんどないことだ。スロットルを踏むと車は即座に反応し、静止状態からの発進では車が身もだえする。一旦動き出すと、ギアが何速に入っていようが強烈なトルクを発揮し、最高速の中間点まで発射台から打ち出されたような加速力で到達する。一方、普通にスルーギアでスピードを乗せていっても、このまま空力の限界までひたすら踏み続けたいという誘惑に打ち勝てるのか、ドライバーは不安になる。

ブレーキを踏んだ際の荷重移動はやや顕著だ。それだけにウェット路面ではいささか手に余ると想像される。ドライ路面であれば、コーナー旋回中の挙動には非の打ちどころがない。もっとも一定の限界の範囲内で、というただし書きがつくが。

直線路ではしゃにむに前に進み、私は最後までパワーカーブの中にいかなる谷も見つけることはできなかった。少なくとも140mph（225km/h）までは一切の息継ぎなしに加速し続け、これを超えるとわずかに勢いが鈍る。

私はDBS V8についてはいくつか注文をつけたい点があるのだが、ヴァンティッジでも同じところが改善されないまま残っている。ヴァンティッジの最良の面を引き出すにはドライバーとして一流の腕が求められる。これ以前のモデルほどには寛容ではないから、心してかからないとつい無様な運転

アストン・マーティンV8、ヴォランテ、ヴァンティッジの生産台数

（数字はアストン・マーティン・オーナーズ・クラブのご好意による）
1972年4月から89年10月まで、共通のテーマによるバリエーションの数は途方に暮れるほどの多数に上る。

生産台数：

V8サルーン シリーズ2	288台
シリーズ3	967台
シリーズ4	352台
シリーズ5	405台
V8 ヴォランテ シリーズ1	656台
V8 ヴォランテ シリーズ2	245台
V8 ヴァンティッジ シリーズ1	38台

（これ以外に外観はヴァンティッジの北米仕様が13台存在）

V8 ヴァンティッジ シリーズ2	304台

（これ以外に外観はヴァンティッジの北米仕様が14台存在）

V8 ヴァンティッジ ヴォランテ	166台
V8 ヴァンティッジ・ヴォランテ "PoWスペック"	26台

（これ以外に外観はヴァンティッジ・ヴォランテの北米仕様が56台存在）

V8 ヴァンティッジ ザガート	52台
V8 ヴァンティッジ ヴォランテ ザガート	37台
計：	3619台

これ以外にDBSV8の402台を加え、
総計： 4021台

ホイールベース、トレッドをはじめとする外寸はDBSV8と同じ。

ASTON MARTIN

19. V8 VANTAGE AND VOLANTE

になってしまう。大柄な車にも事前に親しんでおいたほうがよく、小さなアルファあたりで運転を覚えた人は、少なくとも最初のうちはヴァンティッジを動かそうと考えただけで意気が阻喪してしまうかもしれない。

　ただしアストンの常として、ドライバーの気持ちが落ち着くに従い、ボディがぐんと縮まった感じがする。そうなればなにも恐れるに足りないと実感できるはずだ。噂ほどにはクレージーではなく、エンジンの力に任せてただ突っ走るだけの車ではない。ブレーキはディスクにグルービングを入れるという改良が施されただけだが、サスペンションは固められており、心強い。これだけ高出力のエンジンを積んだ車で波状路を通過するとなると、サスペンションが正確に路面をトレースしてくれなければ不安になって当然だ。他方、硬めのサスペンションと強力無比なエンジンの組み合わせで、おもわず笑みが浮かぶ瞬間だってある。そうは言っても、今一度銘記していただきたい。生半可な気持ちで扱う車ではない。購入を考えている読者諸氏は、車の価格に上級ドライビングレッスンの受講料を上乗せするべきだろう。

市場から望まれて復活したオープンモデルのヴォランテ。

123

Aston Martin
V8 Zagato
アストン・マーティンV8ザガート

プロトタイプとコンセプトカーを別とすれば、アストン・マーティンが最後に2シーターを造ってからすでに25年が経過していた。25年前に造ったのは、既存モデルのDB4をベースにシャシーを短縮したロードカーのDB4GTで、少数を限定生産した。これと同じアイディアをもう一度やってみるのには今がいい頃合いだと、アストンは判断した。DB4GTザガートは生産台数がごく少なく、同じ車は2台となかったが、今度の特別モデルはもう少し生産車寄りで、ボディはやはりザガートにすると決まった。

300km/hの大台に乗せる

アストンが次期限定モデルを検討しているそのころ、エキゾチックカーの市場はお祭り騒ぎに浮かれていた。ニューポート・パグネルが送り出す"おとなしい"モデルも納車待ちのリストが長く伸びた。ポルシェは959の、フェラーリは288GTOの発売に踏み切った。どちらも極めて複雑で進歩的であり、高価な車だった。買い手が列を成したがその多くは投機家で、連中はシートに座りこそするが、1mたりとも走らせるつもりはなく、値上がりを待って手元に置いたのだった。ニューポート・パグネルも流行の波に便乗し、この時期経営は順調に推移した。

V8ザガートは複雑なスーパーカーとして考案された車ではなく、たとえばアンチロックブレーキなどは備わっていない。DB4GTはDB4サルーンのシャシーを短縮して、これにチューンしたエンジンを搭載した車であった。今回のV8ザガートもDB4GTの精神を受け継ぐモデルだったから、アストンはDB4GTとまったく同じレシピを用いた。シャシーを短くして軽量化を図り、一番高いチューンのエンジンを搭載。どんな使い方をするのかはドライバーに任せた。

アストンはV8ザガートの大まかな性能目標を設定した。最高速は300km/h（186mph）の大台に乗ること、0-60mph（97km/h）加速は5秒前後、このふたつだ。これを達成するには、計算によると空気抵抗係数が0.29のボディに3.06：1の最終減速比を組み合わせ、400bhp程度を発生するエンジンが必要だった。

以上三つの必要条件はアクスルレシオを除けばなんの問題もなく満たすことができた。AM V8の公道仕様エンジンはもっとも高いチューンで380bhp前後を発生した。コンペティション仕様はすでに1983年リッター当り100bhpを達成していたので、最高速300km/hを確実にする12％の出力増強はなんの問題もなかった。CD値はザガートに任せればよい。問題と思われた最終減速比も、ソールズベリーがクラウンホイールとピニオンを新たに作製して解決を見た。

重量も相応に削り取る必要があった。V8用シャシーを16インチ（406mm）短縮した結果ビーチのオリジナル設計にあったリアのオーバーハングは事実上なくなった。改造済みシャシーの第1号がミラノのザガートに向けて出荷されたのは1985年2月のことで、可動ではないが展示用モデルが同年9月のフランクフルト・ショーに間に合った。当初50台を製作する予定だったが、シ

右ページ：V8ザガート。

20. ASTON MARTIN V8 ZAGATO

ASTON MARTIN

20. ASTON MARTIN V8 ZAGATO

ボンネットにバルジを備えたフロントは、万人の好みに合うスタイルではなかった。

ョーの反響は非常に大きく、このモデルを生産化したあかつきに得られる利益を十分保証する手付け金をアストンは手にした。

でき上がった車はスタイリングスケッチに近いものであったが、厳密に固執したものではない。目標の400bhpを達成するため、既存のヴァンティッジ・エンジンにウェバー／マレッリ共同開発の燃料噴射を装着する予定だった（これならボンネットをフラットにできる）。ところが燃料噴射に必要なエンジンの変更を行うには予算が足りないことが判明し、結局キャブレターを採用することに方向転換した。巨大な50mm径ウェバーのダウンドラフトがエンジン本体の上に高々と聳えたことで、ボンネットにバルジを付けざるを得なくなったが、このバルジは多くの人に不格好と映った。私も同感だ。このあたりは初期のV8が辿った途とまったく同じ経緯だ。

CD値は結果的に0.33に落ちついた。立派だが、驚くべき数字ではない。300km/hに到達し、最高速に見合った加速力を得るためにさらなるパンチの上乗せが必要だった。すでに顧客のリクエストに応えてV8をスペシャルチューンした経験のあるアストンは潤沢なノウハウを蓄積しており、パワーの増強は比較的容易だった。テクニカル・ディレクターのマイケル・バウラーは次のように語っている。

「南アフリカの顧客からの注文で、ヴァンティッジをベースに、圧縮比を高め、大径のキャブレターチョーク、新型カム、大径の排気管を備えたチューンをしたことがありました。この結果430〜440bhpを発生しました。ザガート・ボディの重量と重量配分を再現するために150kg減量したヴァンティッジ・ボディにこのエンジンを乗せたところ、60mphに達するのに5秒もかかりませんでした」

軽量シート以外にも随所に重量軽減策を講じた結果、室内装備は簡潔にまとまり、最終的にオリジナルのコンセプトに近いスペックに落ち着いた。あとは実際に300km/hで走らせるだけだ。

アストン・マーティンはロイ・サルヴァドーリをテストドライバーに指名し、テストに臨んだ。些細なトラブルはあったものの、300km/hにもう一歩届かず299km/hを計時。関係者は事実上目的達成と判断した。サルヴァドーリは1959年のルマンでアストンに勝利をもたらした立役者であり、やはりザガート・ボディのプロジェクト214を操り、ルマンで初めて300km/hの壁を破ったドライバーだ。今回のテストドライバー抜擢はアストンの粋な計らいだった。

バブル経済に翻弄される

V8ザガートはアストン・ブランドの本質をストレートに表現した車だ。良心的に造られ、頑丈で非常に速く、腕に覚えのあるドライバーを喜ばす絶妙なハンドリングを備えている。なにより機構面が比較的単純な車だ。ターボチャージャー、ABS、トラクションコントロールなどで育ってきた若いテクノロジー世代の目にはこの車は農耕車のように映ったことだろう。実際、魅力を体感しないとそのイメージは払拭できない。

なんと言ってもV8ザガートで一番の見物だったのは価格を巡る世間の動きだった。高級車にまつわる投機的な動きが勢いを増すなか、AML社にとってすでに受け取った手付け金に一定の上乗せをして予約客に払い戻し、別のところから新規手付け金をせしめるのはさほど難しいことではなかった。見たところ不動産開発業者、マネーブローカー、投資銀行家など、この車を手に入れようとする人々の列は終わりがないようだった。かくして新モデルのカタログ価格は労せずして上昇の一途を辿っていった。過去の事実を今になって認める関係者はいないが、どうやらこれはヨーロッパ中に蔓延した現象だったらしい。フェラーリF40のカタログ価格は11万ポンド前後だったが、登録前の新車に100万ポンドを払った運のない投資家が出る有様だった。狂想曲が収まると、いささか胸の悪くなる状況を呈する。1台のF40で60万ポンドの損失を被った人（"投資をした"当人かも知れない）がいるという噂もある。我らが友人の中古車業者が当然の報いとしてショック療法を受けた時期でもあった。こんな環境ではV8ザガートの長期的な成功など

AMRレーシングカー

ヴィクター・ゴーントレットは、レース界に本格的に復帰するチャンスをがっちりと捉えた。アストン・マーティンのエンジンはレースの世界でも"正選手"としてやっていける強さと信頼性を備えているとゴーントレットは考えてきた。それが正しかったことはニムロッド・プロジェクトである程度立証されていた。

もう一度チャンスが巡ってくると、ゴーントレットとピーター・リヴァノスは、今度はエンジンだけのスペシャルではなく、シャシーを含めすべてをアストン・マーティンが自製したマシーンを投入することにした。マックス・ボクストロムの指示のもと、作業は1987年初頭から始まり、6年がかりのプロジェクトになる予定だった。アストンがレースに復帰するに当り、フォードが資金を供給するのをやんわりと断ったため、リヴァノスが喜んで全資金を肩代わりした。

ニムロッドはやや理想主義に走ったスペシャルだったが、AMRはそうではなかった。レース監督は、ダウン子爵のニムロッドや、新生エキュリ・エコッスのグループC2プロジェクトで采配を振るったリチャード・ウィリアムズが受け継いだ。ニムロッドの時代からレーシングカーの設計は大きく変わり、AMRには多くの最新技術が応用された。ウィリアムズにとっても学ぶことの多い仕事だった。

AMRはF1をガイドラインとして設計され、センターストラクチャーはカーボンファイバーとケブラーを素材にしている。外観こそ1970年代のルマンカーに似ているが、ボクストロムの力のおよぶ限り最新の設計思想を注ぎ込んだ。テールはベンチュリ効果を発する巧妙な形状で、独立したウィングを組み合わせた。エンジンは、リーヴス・キャラウェイがヴィラージュ・プロジェクトの中で開発した4バルブ・ヘッドを持つ6ℓ版を搭載した。

1989年のディジョンでデビューしたAMRは、将来に期待を持たせる走りを披露し、ルマンでは同年4月に死去したジョン・ワイアに弔意を表して黒のストライプを入れて走った。AMRの前途は有望に思えたが、レギュレーションが大幅に変更され、排気量の上限が低くなった。アストンにとってフォードの3.5ℓV8は喉から手が出るほど魅力的だったが、このエンジンを享受したのはジャガーだった。

ザガートV8のダッシュボードは、独自のスタイルにデザインされているが、メーターナセル形状には、古いアストンのデザインパターンを活かしている。

おぼつかなかったが、間もなく物の価値が低位で安定した。アストン・マーティンという企業とって、V8ザガートは利潤を生むモデルになった。かつてニューポート・パグネルが利潤を生むモデルを生産したことなどほとんどなかったのは読者もご存じのとおりだ。

V8ザガートのドライブフィール

実際操縦してみると、V8ザガートは驚きに満ちた車だ。私が乗ったなかでもっとも速い車であり、忘れられない存在だ。法が許すよりほんの少し上のスピードしか試すことができなかったが、実際走らせたイギリス一般道の屈曲路から得た印象に限ってお話ししよう。アストンV8はどれもそうだが、この車の楽しさは下位のギアを使い分けた走りに極まる。トレッドが剥がれんばかりに急発進させるのは趣味のよい乗り方ではないと認めつつ、ロードテストによる0-60mph（97km/h）加速4.8秒に誇張はないと実感した。明らかに一回り小さいキャビンを別とすれば、乗った感じは他のV8と同じだ。だが、ビデオテープを早回ししたように周囲の景色が後方に飛んでいくような走らせ方をすると、完全に我を忘れる。ホイールベースもトレッドもV8サルーンと同じなので、ハンドリング特性は基本的に変わらない。しかし、小さいボディと操縦補助デバイスを排したメカニズムゆえ、精神的な先祖であるDB4GT同様、運転に気持ちを集中すべき車だ。

分別あるスピードで走らせている限り、ABSがない不便は感じないが、もしあなたが雨のアウトバーンで150mphから減速せざるを得ない場面に遭遇したら、あった方がよかったと思うに違いない。ドイツでは38台もの多重衝突を目撃することは希ではないのだ。もしこうした状況に落ちいってしまったなら、あなた自身が39台目になる可能性は大きい。

あきれるほどの高性能だが、果たして私向きの車なのか自分で確信が持てないでいる。私はこの車が生まれてよかったと思うし、こうした車が存在すること自体素晴らしいと思う。だが、私のような神経質な人間は、設計時に配慮が足りなかったことを暴露する小さな継ぎ接ぎ細工にイライラさせられるのだ。ハンドブックがグラブボックスに収まらないなどは些細な点と割り切ればいいが、サイドウィンドーの開閉方法はたちが悪い。サイドのガラスは1枚ではなく、固定されたガラスに、昇降する小さな透明パネルを組み込んでいる。ガラスの曲率とマセラティ・ビトゥルボから流用したドアゆえ、これ以外方法がないのだ。こんな工作は、まるでキットカー並みではないか。もっとも、スライド式のプラスチックウィンドーよりましなのかも知れないが。

V8ヴァンティッジに乗った経験のある私にとって、このザガートは新鮮な発見だった。ヴァンティッジはいかんせんパワー過剰で、そのパワーを使い切れていないと感じたが、ザガートははるかに車としてまとまりがいい。高度にチューンしたV8を搭載したアストンは、モデルを問わず上手に運転するのが難しく、自制心を要求される。ザガートは設計意図がストレートな分、他のモデルに増して手強い車だ。

一方、アストンに乗り慣れたドライバーならV8ザガートに乗ってもまごつくことはなにもない。どこから見てもアストンそのもの、いやアストンに不可欠な資質をくまなく備えた、期待に違わぬ車に仕上がっている。その事実だけでも賞賛に値すると思う。

こういう超高速車を楽しんだ後に、DB4

128

20. ASTON MARTIN V8 ZAGATO

に乗ってもなお満足できるものなのだろうか。私はできると思っている。アストン・マーティンの顧客の数がどれほど増えようとも、アストンをアストンならしめている設計上、および構造上の必須条件がある。この条件を満たしているからこそ、オーナはアストンを知るほどのめり込んでいく。ハロルド・ビーチのシャシーを例に考えてみよう。DB4以降、40年以上にわたってアストン・マーティンの基礎を成してきたのがこのシャシーだ。確かに改良と進歩のための変遷はあった。ド・ディオン・アクスルを得てハンドリング特性は変わったし、エンジン出力はほぼ2倍に増えた。しかしアストンに乗り込むときには必ずある種の期待感が伴う。その意味ではどのモデルにも首尾一貫したキャラクターが備わっている。アストン・マーティンに接して楽しいのはこういうところだ。6気筒に親しんだドライバーがV8に乗ってしまうと、もう6気筒にはなにも期待できなくなるかも知れない。しかしそれは一時の気の迷いだ。やがて6気筒にはそれならではの持ち味があると思い至るのである。

ところで7ℓザガートというモデルがごく少数ある。そのトルクときたらまるで鋼鉄の塊そのものらしい。残念ながら私はこのモデルにも、1987年3月に登場した、さらに希少な7ℓザガート・ヴォランテにも乗ったことがない。

この頃までに従来のアストン・マーティンのブランドイメージは塗り変わっていた。もう狐狩りのファッションや、乗馬用のごついツイードジャケットが似合う車ではなかった。そもそもアストン・マーティンは地方の大地主をターゲットに生まれた車ではなく、そういうイメージがあるとすればもっぱら広告のせいである。図らずもアストン・マーティンは強力なライバルがひしめく"スーパーカー"の市場でシェア争いを強いられることになった。当事者であるニューポート・パグネルはそんな周囲の変化にただ手をこまねいていたのだろうか。いや、内部では着々と新時代アストン・マーティンの準備が進んでいたのだ。

ボンネットのバルジが必要なのはこの吸入マニフォールドのせいだ。

129

ASTON MARTIN

Aston Martin
Virage

アストン・マーティン・ヴィラージュ

発表されるや時間を超越した美しいスタイルに讃辞が集まったヴィラージュ。しかし専門誌のテスターを感心させることはできなかった。

　ヴィラージュの登場は10年遅かった。アラン・カーティスは、1976年の時点でV8は時代から取り残されていたと語っている。ここまでV8が寿命を延ばした理由は、並はずれたエンジン出力の増強ができたからにほかならない。しかしどう見ても、1986年には旧態化は隠しようもなかった。ヴォランテ・ヴァンティッジではスポイラーとスカートで厚化粧を施され、ボディの美しさは見る影もなかったが、そもそもの基本フォルムは19年前のデザインだった。疑問の余地を残しながらも、フェイスリフトを重ねて行けたのは非常に優れた基本設計の賜物だ。アストンに言いたいことはありながら黙ってV8に金を払ったオーナーにとって、気に入らない部分を自分の好みに仕立て直すのも楽しみのひとつだった。

キャラウェイへ開発依頼

　V8にこれ以上派手な化粧を施しても、もはや延命策にならないのは明らかだった。新型アストン・マーティン、ヴィラージュはようやく1988年のモーターショーに登場した。中身は従来のままで、ただ新しいボディを

21. ASTON MARTIN VIRAGE

被せただけの車ではなかった。アストン・マーティン・ラゴンダがここまで大きな飛翔を遂げるとはだれも予想しなかったが、V8はすでにこのクラスの基準となり得る資質を失っていただけに、活路を拓くには完全なニューモデルを投入するしかなかった。

　後継車をどんな車にするのかの討議が始まったのは、V8の最終版を発表してわずか数カ月の後だった。アストン・マーティンは幾多の変遷を経験してきたが、その変化の中で連綿と引き継ぐ伝統をいくつも持っている。そのひとつがプロジェクトの呼称だ。伝統にならって今度のプロジェクトはDP（デベロップメント・プロジェクト）2034の名前でスタートした。おおまかな成り立ちはV8を踏襲した。すなわち、フロントエンジンのリアドライブで、非常にスピードが出て快適な車だ。もうひとつ、無鉛ガソリンの使用を義務づける法規が世界中で施行されることがわかっていたので、これに対応するエンジン造りも重要課題だった。新型プロジェクトの顧問として、アメリカ・コネティカット州に本拠を置く、リーヴス・キャラウェイ・エンジニアリングを登用することで衆議一決した。この決定により、誕生20年にして初めてマレックV8に根本的な変更が加えられることになった。

新しいV8エンジン

　キャラウェイは市販車とコンペティションカーの両方について、V8用の4バルブシリンダーヘッドを開発させては随一というスペシャリストだ。今度のモデルには、キャタライザーを始めとする排気浄化装置を備えることになるが、そのためにはキャラウェイの専門知識と経験が不可欠だったのだ。

　キャラウェイは1986年春に作業を開始した。目標は、現行の"シリーズ5" V8が発生する305bhpと同等の出力を出すキャタライザー付き4バルブエンジンを開発することだ。すなわち排気浄化装置で馬力を食われても現行モデルと同等か、あるいは一枚上手の動力性能を誇る車を造ることを念頭に置いた。将来的にさらなるパワーアップも考えられたから、そのための余裕も十分に織り込んだ設計とした。アストンは時が熟せば、なんらかの過給装置をこのエン

Aston Martin Virage
1988年10月-1996年10月

エンジン:
V型8気筒DOHC軽合金ブロックおよびヘッド
ボア×ストローク　85 x 100mm
排気量　　　　　　5340cc
圧縮比　　　　　　9.5：1
燃料供給　　　　　ウェバー製燃料噴射
最高出力　　　　　310bhp／6000rpm

トランスミッション:
ZF製5段マニュアルまたはクライスラー・トークフライト3段オートマチック。4段オートマチックは1993年から設定。

サスペンション:
フロント：不等長アーム・ダブルウィッシュボーン／コイル、ダンパーユニット。アンチロールバー。
リア：軽合金製ド・ディオンアクスル。三角形を成すラジアスアーム。ワッツリンク。コイルスプリング。テレスコピックダンパー。

ステアリング：アドウェスト製パワーアシスト・ラックピニオン。

ブレーキ:
全輪ロッキード製ベンチレーテッド・ディスク、アウトボード式

ホイール：アストン・マーティン製鋳造軽合金ホイール 8 x 16インチ

ボディ:
4座2ドア、ハンドビルト軽合金製ボディ。デザインはヘファーナンとグリーンレイ。ボディに接着されたウィンドシールド。前後に衝撃吸収式バンパー。トランク上のリップスポイラー。ドロップヘッドのヴォランテが1990年10月から登場。シャシー：スチール製プラットフォーム。V8用から転用するも大幅な改良あり。

全長:	15ft 6½ in （4.74m）
全幅:	6ft 1in （1.85m）
ホイールベース:	8ft 6¾ in （2.61m）
全高:	4ft 4in （1.32m）
重量:	35.7cwt （1816kg）
最高速度:	155mph （249km/h）
新車時価格:	12万0000ポンド

ASTON MARTIN

DB4を思わせるプロポーションだ。

ジンに備える予定だった。

イギリスでの開発
　シャシーとボディの開発はイギリス側が行った。シャシーはニューポート・パグネルが既存型の改良に取り組み、ボディデザインは一般から募った。ところが早々に問題が浮上した。コーナーの奥深くまでブレーキングを遅らせられる車に仕立てるなら、ブレーキディスクは今までに増して過酷な仕事を強いられることになる。V8のレース仕様では、インボードに備えたリアのブレーキディスクが放射するおびただしい熱量によって、デファレンシャル両サイドのオイルシールが損傷するトラブルが報告されていた。レースの現場ではデフ専用のオイルクーラーを追加したが、これは対症療法に過ぎない。ブレーキがインボードではパッドの交換も厄介なので、生産型では抜本的な解決が迫られた。結局、リアブレーキをアウトボードにすることで決着した。V8はかねてよりデフギアの摩耗が過大だとの不評を被っており、アウトボードブレーキはこの問題にも有効だ。バネ下荷重は増えるが、充分価値のある代償である。
　従来のインボードブレーキは標準的なサイズだったが、今度のモデルではフロントに13インチ（330mm）径を、リアに11.3インチ（287mm）径が必要だった。こんなブレーキを生産する能力のあるメーカーはヨーロッパにはなかったが、調達先はオーストラリアで見つかった。

ボディとシャシー
　ボディデザイナーの座を射止めたのはジョン・ヘファーナンとケン・グリーンレイの二人で、王立美術大学の講師を務める人物だ。サウサンプトン大学に協力を求め、そこの風洞から、伝統主義者にも革新派にも喜ばれるフォルムを創造した。クーペの伝統

21. ASTON MARTIN VIRAGE

様式にのっとったプロファイルには、シリーズ5のV8よりずっと美しいとだれもが口を揃えた。CD=0.35は、DB4と同じだが、テールエンド形状はこの車に求められるダウンフォースをきっちり発生している。

上品な美しさをたたえるボディ下のシャシーは、ハロルド・ビーチの作品をほぼ踏襲した。ウィリアム・タウンズがラゴンダをデザインした時にはビーチのシャシーを延ばしたが、今度のヴィラージュではこれを短縮して元に戻してうえでリアに新機軸を取り入れた。ヴィラージュのシャシーは、寸法的にビーチのオリジナルから1mmと違わない。もちろんヴィラージュのプロジェクトが立ち上がった当初、まったく新しいシャシーを望む声が内部になかったわけではない。しかしこれには金も時間もかかる。いや、なによりも目の前にあるシャシーが完璧に仕事をこなせることを技術陣は知っていた。やつれたのは車の外皮であって骨格ではなかったからだ。

かくしてラゴンダのシャシーを2ドアボディに見合うよう短縮して、ヴィラージュのシャシーはできあがった。そのヴィラージュはキャラウェイ・エンジンの咆吼も高らかに1988年初頭、路上を走り始めた。

伝統のフォルムを継承して進化

ヴィラージュを眺めているとDB4を思い出す。レトロというのではなく、DB4のフォルムを現代流に表現し直したデザインだ。高いウェストライン、ボンネットの長さと絶妙

後期型までスタイルは変わらなかったが、ヴィラージュの名称は落とされた。

ASTON MARTIN

ニューポート・バグネルのヴィラージュ生産"ライン"。大量生産の申し子のフォードには、オーバークオリティにしか映らないシーンだろう。

にバランスするホイールベース、フロントを支配するラジエターグリル。この辺りはオリジナルボディをデザインしたトゥリングの特徴だが、これにアストンの血を上手にブレンドして、現代によみがえらせたのがヴィラージュのボディである。派手なザガートや、若作りに汲々としたエアロパーツまみれのV8と見比べれば淡泊に見えるかも知れない。しかしアストン・マーティン伝統のフォルムを継承して進化させると、自然にこういう形になる。ヘファーナンとグリーンレイの二人はデザイナー特有の感性から、過去からの連続性こそこの仕事の本質だと感じ取っていたのだった。

製作方法は従来モデルと同じだ。軽合金パネルを手作業で成形し、予めシャシーに取り付けたスチールの輪郭に沿って溶接する。時間の掛かる作業だが、造る側も買う側もそれだけの価値があると納得済みの工法だった。

市場の反響

30年前、オリジナルDB4の特徴だったオーバーエンジニアリングはこの車にもそのまま当てはまる。エンジンに大幅な手が入ったヴィラージュも生粋のアストン・マーティンそのもので、極めて高価な重量級ファーストカーだ。車重は実に35.7cwt（1816kg）に達するが、重量増の大半を占めたのは高級車にふさわしい内装だった。V8の内装も豪華だったが、ヴィラージュでは一段と入念な仕上げを施してあり、ライバルに対し新たな水準を呈示した。

ヴィラージュに対する一般の反応は暖かくはあったが、熱狂的とまではいかなかった。"豪華版カリブラ"＊と片付けた雑誌もあったが、あながち笑って無視できるコメントではなかった。確かに動力性能は図

21. ASTON MARTIN VIRAGE

抜けている。しかし初期型のハンドリングは古いV8と比べてなんら進歩していないばかりか、状況によっては素直に向きを変えない悪癖があった。リアサスペンションの位置決めが正確でないと思われ、超高速域ではドライバーはかなり大きなステアリングの修正を強いられたし、コーナーではリアから先に方向を変えたがる傾向も看取された。初期のEタイプジャガーが苦しんだ悪癖に似ていなくもないこのハンドリング特性は、いうまでもなくオリジナルのビーチシャシーにはなかった性癖である。

原因はド・ディオンリアアクスルを支持するため追加した三角形のリアサブフレームにあった。ハンドリングにかけてはベストの誉れ高いアルファ・ロメオにヒントを得たレイアウトだ。しかしシャシーへの取り付け剛性が不足したことが原因で、直進性が乱れた。開発エンジニアの一人が、新しいシャシーを製作するにはフォード・シエラ1台分の金が掛かると、いかにも配慮に掛ける発言を言い放った。ヴィラージュのプロジェクトが進行中の1987年に、フォードがアストン・マーティンの大手株主になっていたからだ。手を尽くしたが、支持剛性不足は製作の現場ではどうにも克服できなかった。件のエンジニアはアストンを辞し、問題のサブフレーム取り付け部分は設計そのものの見直しを受けた。その後プロジェクトは順調に推移し、ヴィラージュのドロップヘッド版ヴォランテと、ヴァンティッジが仲間に加わった。

ヴィラージュ・シリーズは当時、アストンのファクトリーではシンプルに"Vカー"と呼ばれた。

ヴィラージュの室内。従来モデルでも充分だった仕上げにさらに磨きが掛かった。

ASTON MARTIN

21. ASTON MARTIN VIRAGE

ヴィラージュの評価

ヴィラージュは非常にエレガントな車だ。しかし走らせてみた私は、なんの感銘も受けなかった。初めてアストンに搭載されたキャラウェイ・チューンのエンジンには素直に感心したが、全体のできとして、ヴィラージュは飛躍を果たした車ではなかった。専門誌のテスター諸氏のコメントは正しい。リアの踏ん張りが効かず、後輪の接地感も伝わってこない。リアアクスルの位置決めはV8の方がはるかに優れている。"神々の駆る二頭立て戦車"**、ヴァンティッジを登場させたアストンが、リアのセットアップをV8仕様に戻したのもけだし当然だった。正直に申し上げると、私はテスト記事で取り沙汰された"直進性不足ゆえの通弊"というくだりを読んで、乗る前から恐れをなしてしまったのかもしれない。そんな先入観から、アストンがV8のセットアップに戻したのは"当然"と決めつけているのかもしれない。もとより私はロードテストの専門家でもないが、これだけ高出力なエンジンを備えた後輪駆動車のリアアクスルががっちりと位置決めされていなければ、どんな事態に陥るかは承知しているつもりだ。

V8に操縦する楽しさをもたらしたド・ディオンの旨みはヴィラージュにはない。速く走れとドライバーを即す類の車でもないし、先代ほどの強いオーラもない。高性能版6.3ℓが1991年登場した際に、サスペンションを徹底的に改良した事実が事の次第を語り尽くしている。ヴィラージュはどちらかと言えばおとなしくて、期待はずれな車だ。

公平を期して言い添えるなら、スタイルはとてもいいと思う。キャビンを相対的に小さくして、ウエストから下を豊かにした航空機スタイルは目に心地よい。こういうスタイルだから室内は閉所恐怖症を催すほど狭いかといえば、決してそんなことはない。それにしても豪華な室内だ。アストン・マーティンでなければ、この室内に免じて短所に目をつぶろうかという気になるかも知れない。私自身はもう少し外連味のない空間が好きだが。

本書を執筆するに当り、ヴィラージュは私が実際に操縦した最後の車である。これ以降のモデルは、私などよりずっと熟達した腕の持ち主が他の所で充分に語っている。だからくだくだコメントするのは控える。ただヴァンティッジを短時間だけ、思い切り走らせた経験からすると、アストンのエンジニアはヴィラージュを正しい方向に開発したと思う。

ハロルド・ビーチのシャシーはヴィラージュをもってついに第一線から退いた。次期モデルの開発が始まると、クーペ、ヴォランテ、ヴァンティッジは注文製作になった。ヴィクター・ゴーントレットが長らく暖めていたアイディアを実現するモデルだ。

(*注)1989年オペルが発表した2ドアクーペ。スタイルは美しかったが、シャシーはベクトラそのものだったので、ハンドリングは凡庸だった。
(**注)1973年エーリッヒ・フォン・デニケンが発表した小説"Chariot of the Gods(邦題『太古の宇宙人』)"より。

キャラウェイが開発した4バルブヘッド。キャタライザーが備わるので世界中どこでも走れるはずだ。

ASTON MARTIN

Aston Martin DB7

アストン・マーティン DB7

「DB4のスピリットに可能な限り近い車をまとまった数、量産することです。規模はずっと小さいながらポルシェが占めている市場を狙います」

アストン・マーティンはこれから何をターゲットにするのかとジャーナリストから問われて、ヴィクター・ゴーントレットはこう熱っぽく語った。ゴーントレットが言った量産とは、買い得な車をたくさん造るという意味ではない。かつてのDB4はXK 150クーペが2台買えるほど高価な車だった(今でもそうだ)。ゴーントレットが暖めてきたプロジェクトは、DP1999の名のもとでスタートを切った。このプロジェクト名は偶然こういう数字になったのではなく、20世紀の最後、満を持して放つモデルといった意味合いを込めたものだろう。

DB7と先祖のDB4ヴァンティッジ。

22. ASTON MARTIN DB7

ゴーントレットの野望

　感傷から車を作る者もいれば、ひたすら利潤を生むために作る者もいる。かつてデイヴィド・ブラウンはその間を上手に渡って、アストンのブランドイメージを作り上げた。理屈をこねるのが好きな土地柄のヨークシャーに生まれたブラウンは、一人の企業経営者として、レースを含め途方もなく金の掛かるアストン・マーティンを、本業にふさわしいサイドビジネスとしてなんとか正当化してきた。

　これに対して、カンパニー・デヴェロプメンツは資産価値だけで動く日和見主義者の集まりだった。

　次にアストン・マーティンを引き継いだゴーントレットは、オイルビジネスで財を成した人物で、機を見るに敏なビジネスマンではあったが、製造業のプロではなかった。この業種で野望を達成し、なお利潤を上げるのに苦労していた。ゴーントレットのビジョンは多くのアストン愛好家から支持を得たが、だからといって資金援助に繋がった訳ではない。ゴーントレットは行き詰まっていた。

　1987年春の復刻版ミッレ・ミリアに、ゴーントレットがケント公爵子息のマイケル王子と組んで、DBR2コンペティションカーで出場した。これがアストンの行方を大きく動かすこととなった。イベント期間中に、ブレシア近郊のウィルキンズ別邸でパーティーが催された。この心地好いパーティーでゴーントレットはウォルターとエリザベスのヘイズ夫妻と出会ったのである。ディナーの席上、ヘイズにすっかり信頼を置いたゴーントレットは胸中を打ち明けた。「私には大きな夢がありましてね。V8より手軽な価格のアストンをまとまった数造りたいのです。ただそれを実現するには、少々資金が足りないのですよ」ゴーントレットがアストン・マーティンを誇りにしているのは言葉の端々から伝わってきた。折しもイタリア警察がうやうやしく警護する中、マイケル王子が華やかにDBR2をパーティーに乗りつけた矢先だったので、この話を切り出すには絶好のタイミングであった。しかし話題はあっという間に変わり、短い会話はその場の話として終わりになった。

Aston Martin DB7
1994年2月

エンジン：軽合金製 直列6気筒DOHC 気筒当たり4バルブ
排気量　　　　3226cc
圧縮比　　　　8.3：1
燃料供給　　　ザイテック製マルチポイントフューエルインジェクション　イートン製ベルトドライブ式スーパーチャージャー
最高出力　　　335bhp／5600rpm

トランスミッション：
　ゲトラグ製5段MT、またはGM製4段AT

サスペンション：
　前：ダブルウィッシュボーン／コイル、テレスコピックダンパー、アンチダイブ・ジオメトリー
　後：ダブルウィッシュボーン／コイル、縦置きコントロールアーム

ステアリング：
　パワーアシスト付きラック・ピニオン

ブレーキ：
　ロッキード製ベンチレーテッド・ディスク

ホイール：アストン・マーティン製
　軽合金ホイール, 8 × 18インチ

ボディ：4座席、2ドアクーペ。鋼板製ボディ＋コンポジットパネル。

ボディデザイン：イアン・キャラム。ハンドビルド、フラッシュサーフェス・グラスエリア、衝撃吸収式バンパー。折りたたみ式ルーフを持つコンバーティブル・モデルのヴォランテが1996年10月に登場。

シャシー：鋼板製プラットフォーム構造（ジャガーXJS用と同形式のプラットフォームを広範囲に改造して使用）

全長：　　15ft 2in (4.62m)
全幅：　　5ft 11¾in (1.82m)
全高：　　4ft 2½in (1.28m)
ホイールベース：8ft 6in (2.59m)
車重：　　33.9cwt (1723kg)
最高速度：165mph(265km/h)
新車時価格：7万8000ポンド

フォードが動く

　イギリスに戻ったヘイズは、親友のヘンリー・フォード2世の家にふらりと立ち寄った。フォード2世はオックスフォードシャーのヘンリーに家を持っていたのだ。その時の様子をヘイズが私に語ってくれた。
「さてウォルター。今日は何をするかね?」
　ヘンリー・フォード2世の問いかけに、ヘイズがすかさず答えた。
「私たちがその気になればアストン・マーティンはいつでも買えるよ」
　軽い言葉のやり取りではなかった。ウォ

ASTON MARTIN

DB7を斜め後方から見る。

ルター・ヘイズはコリン・チャプマン、エリック・ブロードレイ、キース・ダックワース、ジョン・ワイアなどと気心の知れた仲であった。そうした交友から、大企業は小さな企業から学ぶことが多々あることを、もっと正確に言うなら、大企業が否応なしに忘れてしまった事柄を、小さな企業から改めて教えられる場合があることを知っていた。わずかな予算でコスワース・エンジニアリングを20年前に立ち上げ、グランプリレーシングに欠かせない存在に育てたのはヘイズ自身だった。それ以前はGT40の開発に携わり、ジョン・ワイアと緊密に仕事を進める中で、小規模企業の価値には計り知れないものがあることを、そしてひとたびその価値を失ってしまうとまず取り戻せないことを学んだ。ヘイズはまるでフォード2世が知らないかのように指摘した。

「1931年のリンカーンを最後にフォードは大きな企業買収をしていない」

もちろんこの時フォード2世が、ヨーロッパのある大企業に目をつけていたのを承知の上で言ったのだ。その企業とはおそらくジャガー、時期もそう遠くないはずだった。

ヘンリー・フォード2世は、デイヴィド・ブラウンともピーター・リヴァノスの伯父ジョージとも昵懇の仲だったので、アストン・マーティンになにが足りないのかを知るのは難しいことではなかった。ゴーントレットは腕の確かな職人が社外に流出するのを留めていたし、企業規模にふさわしい現実的な采配を振るっていた。レースに途方もない金を使っているのを別にすれば、だれもがゴーントレットのやり方に一目置いていた。

その後事態は急速に進展した。1987年7月、ガウアー・ストリートにあるイギリス・フォードのロンドン本社にて催されたディナーの席上、買収の大枠が決定した。フォードはアストン・マーティン株の75％を取得、ゴーントレットは当面3年間は最高経営責任者の地位に留まる。フォードもアストン・マーティンもレース活動には一切関与しない。これは交渉の余地のない条件だった。レース活動を行うなら資金は第三者が調達する。この買収計画の張本人であったウォルター・ヘイズはこの点に関して関係各位の周知徹底を即した。

ブランド構築とジャガーの参画

企業の士気やブランドイメージは、ともに捕らえどころのないものである。しかし、ないがしろにすると簡単に崩れてしまう。しかもひとたび崩れると修復は容易ではない。

ヘイズは慎重にことを進めた。アストン・マーティンの企業イメージはそのままに、組織をフォードの傘下に組み入れる作業が始まった。プレスリリースが買収の事実を認めるさなか、フォード2世がプロジェクトの最後を見極めることなくこの世を去ったのは悲劇と言うしかない。親友の死にヘイズの気持ちは揺らぐが、奮起する材料にもなった。

フォードはアストン・マーティンに続いて予定通りジャガーの買収にも乗り出した。だが、入札が泥仕合になり、巨額の出費を強いられ、フォードにとって投資銀行や法人投資家まで巻き込んだ総力戦となった。これに対して、アストン・マーティンの買収は知り合い同士の何気ない会話から生まれたようなもので、投資額もジャガーと比べれば些末なものだった。フォード経営陣には差し迫った決議事項が山積していたが、ともあれヴィラージュのプロジェクトは継続のゴーサインが出た。アストン・マーティンにしてもジャガーにしても、単独では考えられなかった活路が開けるのはこれからのことである。

ジャガーとの連携で生まれたDB7

やがてゴーントレットが暖めていたプロジェクトが一気に現実味を帯びてきた。その後明らかになるように、本人の構想とはまるで別の経路をたどることにはなるが、でき上がったDB7はGTの傑作として世界中から歓呼して迎えられた。この車が生粋のアストン・マーティンなのかそうでないのかは別として、商業的に成功したからにはア

141

ウォルター・ヘイズ

「私がやったことになっていること全部を自分の手柄にしたら、時間がなくてなにもできなかったはずだ」とウォルター・ヘイズは語っている。

ヘイズはロンドンの新聞社『サンディ・ディスパッチ』紙の編集長を経て、フォード入りを果たした異色の経歴の持ち主だ。巨大企業フォードの副社長まで上り詰めた。いったんは引退するが、折しも浮上したアストン・マーティン・プロジェクトのため呼び戻された。

ウォルター・ヘイズ（右）。グレアム・ヒル、ライターのジョン・ブランスデンとデイヴィド・フィップス。ヒルが手にしている『Such Sweet Thunder』は、ブランスデンとフィップスの共著で、テーマはフォードF1エンジンだ。

ヘイズの肝いりでコスワース・エンジニアリングが生まれたことや、GT40を生んだフォード・アドヴァンスト・ビイークル・プロジェクトで果たした役割はよく知られている。DB7という過去に前例を見ないプロジェクトを推進し、アストン・マーティンの大局的な戦略を打ち立てた。DB7が日の目を見たのはヘイズによるこのふたつの功績の賜物である。ヘンリー・フォード2世の近しい友人でもあり、フォード2世の伝記を著した。アストン・マーティン・ラゴンダ社買収がほぼ完了した1987年、そのフォード2世が不慮の死を遂げたことがヘイズを奮起させ、以降、同社の経営を軌道に乗せる作業に邁進することになった。

ウォルター・リーアボウルド・アーサー・ヘイズは1982年に大英帝国勲章を叙勲した。2000年12月26日、ロンドンにて76年の多彩な生涯を閉じた。

ストンの名前に恥じない車と言えるだろう。一方、一部の愛好家には"（ジャガー）XJ7"だとはねつけられるほど、ジャガーとの近似性は強く表れていた。しかし現実にはアストンのニューモデルを造るには、ジャガーとの連携は不可欠なものだった。

DP1999のコードネームで開発が続けられてきた車の名をDB7にしたのは、ヘイズのアイディアである。ヘイズは同時にアストン・マーティンのかつてのブランドイメージを再構築する作業に取りかかった。イネス・アイルランドやジャッキー・スチュワートといったレース界の重鎮からアドバイスを求め、フォードのベテラン広報マンであるハリー・カールトンを抜擢して、アストンの広報担当に据えた。ヘイズの打ち出したイメージは、重要な影響力を持つアストン・マーティン・オーナーズ・クラブでも概ね好評をもって受け入れられた。

ヘイズにとって、ジャガーの買収は"パーツ棚を増やす"以上の意味があった。それは生産工場の問題である。DP1999の具体化が急がれる一方で、ニューポート・パグネルでは現在進行中のヴィラージュを完成させる作業を中断する訳にはいかなかった。そこでかねてからジャガーとビジネスの繋がりを持っていたトム・ウォーキンショーの会社、TWRのファクトリーを使用することを考えていたのである。ウォーキンショーはジャガーのレース復帰を成功裏に導いた主役の一人であり、彼のオックスフォードシャーのブロクサムにある専用ファクトリーでは、ジャガーに代わりXJ220を生産していた。XJ220の生産ロットを作り終えたら、ウォーキンショーのTWRでDP1999に取りかかってもらおうという筋書きだった。

不況下でボルボに学ぶ

株式市場の暴落による影響がやや遠のくのと入れ替わりに、イギリスには本物の不況が襲ってきた。金利の大幅な切り下げに支えられて経済はなんとか持ちこたえたが、それも1989年までだった。この頃から縫い目がほころび始め、自動車の需要は激減し、DP1999は混沌の中で行き場を失った。フォードは次から次へと押し寄せる短期的な計画の見直しに大わらわとなった。自動車製造のプロとして、ジャガ

ーの状況を目の当りにしたフォードの人々は、顔色を失った。

それまでニューポート・パグネルではヴィラージュの製造が続いていた。1980年代終盤は、アストンには概ね順風が吹いていた。国内需要は旺盛で、古いティックフォードの工場には常に23台のヴィラージュが生産ラインに乗っていた。だが状況が変わった現在では多すぎる数字となった。困難な状況に包囲されたビジネスの優先リストでは、手作りの車など最下位になるのは当然である。ヘイズとゴーントレットは短期間だけラインを止め、その間に優先事項を再検討することで合意した。

その間、ヘンリー・フォード2世が当時ボルボの社長だったペール・ジーレンハマーと昵懇の仲だったことで、ニューポート・パグネルの生産担当スタッフは、ボルボのプロダクション・エンジニアと討議するためスウェーデンに"研修"出張することになった。ボルボでは、数名の工員からなるひとつのグループが1台の車の生産工程を最初から最後まで受け持つという独自の生産方法を取り入れ、そのメリットを活用していた。こうすれば"ライン"のコントロールが容易にできる。実現した"研修"で、ボルボはニューポート・パグネルのエンジニアを暖かく迎え入れた。

ゴーントレットからヘイズの時代に

困難なこの一時期には、新型DB7の生産などまったくおぼつかないと思われた。ヨーロッパはこの頃、20世紀の最後の四半世紀で最悪と言われる経済不況に襲われ、低迷を極めていた。ゴーントレットは、赤字決済を出したのは自分の責任だと感じて意気を挫かれていた。しかも1988年春、自分から今後厳しい時期になると予測しておきながら、興味が別の業界に移り、1991年9月をもって退く意向を明らかにした。これ以降ウォルター・ヘイズがアストン・マーティン最高経営責任者のポジションに就いた。

ゴーントレットはアストン・マーティン安泰

右ページ：ジャガー・エンジンから派生したDB7用スーパーチャージャーつき直列6気筒。

22. ASTON MARTIN DB7

ASTON MARTIN

のため多大な貢献をした。世間の人々の目には、ゴーントレットはデイヴィド・ブラウンと同じく、アストン・マーティンの救世主に映った。経済見通しがどれほど暗かろうと、ゴーントレットの意気込みは一貫してだれにもはっきり分かった。販売がスランプに陥っても必要以上の人員整理をせず、男を上げた。なににも増してヘイズと協力してアストンの存続を確実にしたのはゴーントレットその人だ。経済の天才ならずとも、市場全体が干上がった1990年代序盤フォードの後ろ盾がなければアストン・マーティン・ラゴンダ社がどうなっていたか推測できる。

ゴーントレットはフォードから任された3年の任期よりさらに1年長い、4年在籍した。その間、優秀な腕を持つ職人の地位をそっくり確保し、社員のやる気に水を差すこともなかった。ゴーントレットはアストンの優良資産であるこのふたつを手厚く保護できる人物、ヘイズに手渡した。どんな経営者であれ、あの状況の中でゴーントレット以上のことはできなかっただろう。彼はアストン・マーティンの士気を鼓舞した立役者として今も人々の記憶に残っている。

ヘイズに経営が渡ったのはアストン・マーティンにとって幸いだった。経営者として既成概念にとらわれないだけでなく、ヘイズならフォードの経営陣を動かすことができ、熟達した社内インサイダーならではのやり方で、人脈を最大限に活用できたからだ。フォードは間もなく知ることになるのだが、ジャガーの経営陣にはブロクサム工場を今後どう運用するか格別の計画はなかった。しかしヘイズには有効に活用する案があった。

ヘイズは、アストンには必要な資金がないことからDP1999プロジェクトを開発する計画もなく、アイディア段階から一歩も進んでいないのを知っていた。そこでプロトタイプに漕ぎ着けるまでに必要な100万ポンドの資金を調達してきた。シャシーは手元にある、設計は古いがハンドリングには定評のあるXJSクーペ用を使うことにした。XJSクーペは15年もの間、ジャガー・スポーツカーの主役を張ったモデルだ。そのあか抜けないスタイルゆえにファンは少なかったが、実力を知る者は素晴らしいドライバーズカーだと口を揃え、とりわけシャシーの高い能力が評価されたモデルである。

エンジンも当面使い道のないものがジャガーXJ40にあった。3.2ℓ、軽合金製ツインカム、ストレート6。こうしてシャシーとエンジンを選び終えると、DB7のスペックがぜん現実味を帯びてきた。フロントエンジン、スチール製プラットフォームシャシー、直列6気筒エンジン、軽合金製ボディ。ゴーントレットが慈しんだスーパーチャージャーも追加になった。必要な駒はすべてジャガーに揃っていた。

さらなるグッドニュースはデザインを担当することになったイアン・キャラムの存在だ。彼は、フォードのスカラシップを受けて王立美術大学で学んだ一期生で、その時TWRに所属し、XJ220のプロジェクトに取り組んでいた。ヘイズのもとに資金が届き、上層部からゴーサインが出た。プロトタイプはスケジュール通り16週間後に、与えられた予算内で完成した。フォードの本拠地ディアボーンでは経営陣がほくそ笑んだという。

DB7のデザイン

DB7のデザインを手掛けるにあたって、デザインの寄せ集めだけは造るまいとイアン・キャラムは決意していた。結果として出来上がったデザインは、レトロではあるが、単なる懐古趣味ではないスタイルに仕上がった。仮にV8モデルが介入していなかったなら、6気筒アストンが進化したであろう姿を率直に表現して見せた。

もしV8が間に割って入らなければ、アストンはどうなっていたかについては、ヘイズが熟慮した部分である。アストン・マーティンは、V8を登場させたことでむしろ行き先を見失ってしまった、むしろDB4からDB6までがアストンの最高傑作だというのがヘイズの見解だった。確かに論議を巻き起こす意見ではあるが、賛成派が多い見解でもある。だからこそDB7のネーミングも、サー・デイヴィッド・ブラウンを同社の生涯名誉社長として復帰させたことも、周

左ページ：今ではオーナーもこのレベルの内装を当然と受け止めているが、一部伝統派からは装飾過多で軟弱との声もある。

アストン・マーティン・オーナーズ・クラブ

アストン・マーティンのオーナーになろうと真剣に考えている方はこのクラブと、その姉妹組織アストン・マーティン・ヘリテッジ・トラストに入会してみてはどうだろう。創立は1935年で、今やイギリス全土をカバーする組織になっている。もっともイギリス的なスポーツカーをプロモートし、破壊から救い、レストアを進め、愉しむのが趣旨だ。イギリスでは細かく地域ごとに部会があり、それぞれの代表役が連携して活動している。クラブのメンバーにまつわるしがらみが煩わしいとお考えなら、クラブに備わる文献を読むだけでもメンバーになる価値はある。またヒルクライム、スプリントレース、サーキットレースなどを主催している。

メンバーの擁する知識の総量はまさに膨大。歴史、メーカー、修理、レース、ことアストン・マーティンに関して、どんなに些末な事柄であっても詳細な考証の対象である。私自身は長年の間、入ったり出たりを繰り返しており、必ずしも模範的なメンバーではない。しかし軽い音と共に玄関先にクラブのニュースレターが届くと、なにを置いても開封したものだ。

Aston Martin Owners Club
Drayton St. Leonard,
Wallingford,
Oxfordshire OX10 7BG
United Kingdom
Tel：+44 (0) 1865 400400
Fax：+44 (0) 1865 400200

ウェブサイトは www.amoc.org

ASTON MARTIN

新旧対面する両車のあいだには40年以上の隔たりがあるが、DB7とDB4のプロポーションは嬉しくなるほど似通っている。

囲の賛同を得られた。当のサー・デイヴィドは大喜びで、確かニューポート・パグネルのどこかの引き出しにはDB7のエンブレムが詰まっているはずだ、記憶に間違いないと語っている。

フォードの企業力とDB7

アストンの経営を引き継いだヘイズはどのような人物なのか。「知人たちは誰もが私に援助を申し入れてくれました」最近彼自身が私にそう語ったように、ヘイズは周囲の善意に包まれ、知り合いから躊躇なく助けの手を差し伸べてもらえる、そういう人柄だ。素晴らしいフットワークと仕事を超えた人脈を活かし、また僅かな資金を最大限に有効利用して1台の新しいアストン・マーティン（ヘイズに言わせれば30年前に造られるべきだった車）を完成させた。ロールス・ロイスがこの車の塗装を請け負ったのもヘイズの人柄ゆえだったのだろう。

自身が完成させたDB7のプロジェクトで、ヘイズはフォードの経営陣から次のような言質を取っていた。利幅が小さいのは

認める。社内に大量にある既存パーツは自由に使って構わない。一方、足かせもあった。金銭面であれ物質面であれ損失を出してはならない。コンポーネントをゼロから設計することも認められない。プロジェクトのどの段階でもプラスなのかマイナスなのか、具体的に呈示すること。最後に蓋を開けたらだれも予想しなかったものが飛び出すというスタンドプレーは許されなかった。その範囲内であれば、楽しくやればいい、同僚の経営陣はヘイズにそう言い添えた。

当のヘイズにとって楽しむ余裕などなかった。アストン・マーティンには熟練工がたくさん揃っていたが、基本的な設備が決定的に不足していた。たとえば乗員が座るシートクッションを数百万回反復使用した結果をシミュレートする最新のテストリグなどはその典型だ。また排出ガスのテスト装置もそうだ。フォードのダゲナム工場に行けばごろごろしている装置だが、エンジンを設計するには必須だったのにもかかわらず、今までアストンは持たぬまま済ませて

きたのだった。
　フォードの傘下に入ったアストン・マーティンは、彼らにとって初めてのハードウェアやソフトウェア、製造技術を自由に使えるようになった。
　しかしいいことばかりではなかった。景気の後退により、カタログ価格がおよそ40万ポンドもするジャガーXJ220の売れ行きがぱたりと止ってしまった。この車は発表されてから市販までに大きな仕様の変更があり、当時幅をきかせていた"新古車市場"での扱いがプレミアムカーからディスカウントカーに格下げされていた。このふたつが引き金になって、顧客がそっぽを向いてしまったのだ。契約書にサインをして手付け金を払った時点では、だれもがV12を搭載したスーパーカーが納車されると信じて疑わなかった。だが実際のエンジンはV6にすぎず、それも何年か前に登場した6R4メトロ・ラリーカー用のユニットにちょっと手を入れた代物だった。ジャガーは、契約書の小さい文字で書かれた但し書きを読めば分かることだと抗弁したが、この一件はいささか不愉快な問題へと発展し、いい思いをした者は誰一人としていなかった。結果としてXJ220の在庫が一掃されるまで、DB7の製造は待たざるを得なかった。

市場からの反応
　1994年にDB7が発売された。そのスタイルは一見してDB4ザガートを思い出させ、全体のプロポーションとディテールを見れば、DB4ザガートを強く意識して造られたのは明らかである。「これまでのアストン・マーティンの中でもっとも美しいアストンだ」、人々はそういってDB7を迎え、たちまちアストン・マーティンを代表するモデルになった。フォード首脳陣は、ジャガーのコンポーネントを流用したことに一抹の不安を抱いていたのだが、そんな不安も一気に吹き飛んだ。予約リストはあっという間に一杯になった。
　DB7はビジネスの教科書に取り上げられるべき好例となった。いかにして手持ちの資産を有効に利用してブランドに新しい息吹を吹き込むか、フォードは自動車産業界にその実例を示したのだ。DB7を設計し、製作する場所がニューポート・パグネルで

ないことはまったく問題とはならなかった。DB7を求めてディーラーに足を運んだのは、これまでアストン・マーティンにまったく関心もなかった新しい顧客層だったからだ。その顧客層が、かつてはジャガーの顧客であったこともフォードにとってはなんら懸念の種とはならなかった。DB7の中身はかなりの部分がジャガーだったし、かつてジャガーの顧客だった人々は、それを承知で大幅なプレミアムを払ってDB7を買ってくれたのだ。アストン・マーティンは一夜にして高級版ジャガーの役を担うことになった。これでジャガーも新型"Eタイプ"XK8の開発に専念できる。
　もうアストンの人間ではないとはいえ、ゴーントレットは自分の構想だった"新しいDB4"を実現した。フォードも欲しいものを手に入れたのは間違いない。Eタイプ・ジャガーがデビューした1961年ジュネーヴ・ショーで始まったジャガーとアストン・マーティン対決の構図もできた。ただし今度は攻守ところを変えて、後から追うのがアストンになった。そして6気筒ツインカムエンジンをフロントに搭載する新しいアストンの仮想敵は、独自の市場を独占していたポルシェへと変わった。
　数字の上ではDB7はフォードが考えていたほどの量産モデルにはならなかったものの、年間600台の生産はあくまでも目標に過ぎないとヘイズはことある毎に主張していた。XJSのシャシーはジャガーの帳簿上はとうの昔に減価償却を終えていたので、シャシーに関しては資産の再利用であって、金は掛かっていない。エンジンにもある程度同じことがあてはまった。ただしアストンの仕事はスーパーチャージャーを後づけするだけではなく、同社のスポーツカーにふさわしいパワーユニットに仕立て上げる一連の改良を施した。
　登場した生産型DB7は、見る者すべてのみぞおちにストレートパンチを見舞った。キャラムが生んだ、どこも動かしようのない完璧なスタイルこそこの車の真骨頂だ。アストン・マーティンの"しつらえ"は1980年代のラゴンダなど少数の例外はあるにしても、機能的を旨としてきたが、TWRで一緒に働いたニール・シンプソンによるインテリアは居心地がよく、かつ豪奢だった。

これまでアストン・マーティンにはほとんど女性ファンがつかなかった。理由はV8はマッチョカーなイメージだったし、古い6気筒はスムーズに走らせるのに骨が折れたためである。DB7の登場でこんな状況も一変した。アストン・マーティンはぐんと身近なブランドになった。ディアボーンのほくそ笑みは満面の笑いに変わった。
　狭い見方をする一部は、あんなのXJSの焼き直しではないかと決めつけたが、そんな人たちもDB7に1回でも乗るとたちまち虜になった。DB7はシャシーを再利用し、美しいボディを被せ、スーパーチャージャーをくくりつけただけの車ではなかった。工学的に各部を見直したおかげで、だれもが心から欲しいと思う車ができ上がった。生産に上限を設けるのは苦渋の決断だったが、それでもDB7は他のどのモデルより多く売れたアストンとなったのである。
　小さな企業は巨大企業の中でも果たせる役割があるはずだ――DB7プロジェクトの采配を振るったヘイズの目論見は見事に立証された。1913年の創業から今日までアストン・マーティンが世に送り出した車の総数など、デトロイトならものの30分で作ってしまうだろう。いうまでもなく、DB7は親会社の体質を一変させた訳ではなく、もとよりそれが主旨ではない。それでもアイディアやテーマを異種交配させるプロセスは両社の間で加速していった。ようやくアストン・マーティンのバックに盤石の資本が備わった。

DB7ヴォランテ
　間もなくDB7のバリエーションが登場した。第1弾はヴォランテだ。サルーンの滑らかでエレガントな美しさはいささかも損なわれていない。"オリジナル"のDB7GTは、この車を使ったワンメイクレースを前提に3台が製作されたが、結局このプロジェクトは不発に終わり、現在どれも個人の手にある。V8エンジン搭載のDB7は1994年のルマン予選をあと一歩で突破できるところだったが、皮肉にも1台のリスターに僅差で敗れ、1957年の再現となった。
　販売台数が証明しているように、DB7が非常に優れた車であることは明らかで、視覚的にも母体となったジャガーより遙かに

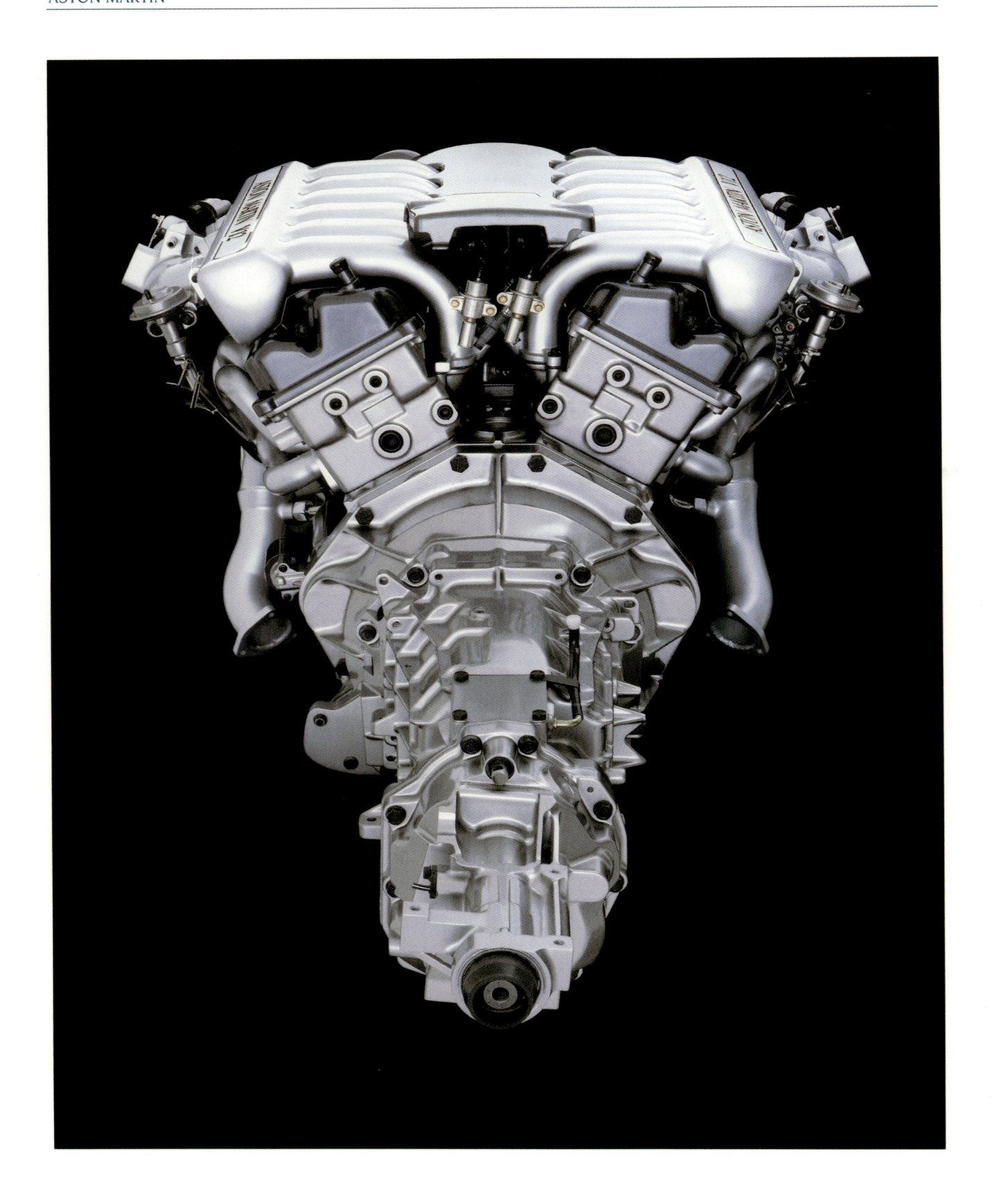

ASTON MARTIN

Aston Martin DB7 Vantage

エンジン：
軽合金製V12、4カムOHC、48バルブ、5935cc。圧縮比10.3：1。Visteon EEC V エンジン制御システム（フューエルインジェクション・イグニッション・ダイアグノーシス）。キャタライザー付きステンレス製排気システム。

トランスミッション：
6段マニュアル、5段オートマチック（オプション）。リミテッド・スリップ・ディファレンシャル。

最終減速比： 3.77：1（MT）、
　　　　　　 3.06：1（AT）

ステアリング：
パワーアシスト付きラック・ピニオン
ロック・トゥ・ロック：2.54回転、コラムおよびリーチ調整式。

サスペンション：
前：独立式、ダブル・ウィッシュボーン（アンチダイブ・ジオメトリー）、コイル・スプリング、モノチューブ・ダンパー、アンチロールバー
後：独立式、ダブル・ウィッシュボーン、縦置きコントロールアーム、コイル・スプリング、モノチューブ・ダンパー、アンチロールバー

ブレーキ：
前：ヴェンチレーテッド・クロスドリルド・スチールディスク（355mm径）、4ピストン軽合金キャリパー
後：ヴェンチレイテッド・クロスドリルド・スチールディスク（330mm径）、4ピストン軽合金キャリパー、ドラム式駐車ブレーキ、ABS（Teves製）

ホイール／タイア：
ホイール：アルミニウム製8J x 18（前）、9J x 18（後）
タイア：ブリヂストンSO2 245/40 ZR18（前）、265/35（後）

ボディ：
2ドア2+2、クーペまたはコンバーティブル2+2、鋼板製アンダーフレームおよびボディパネル、コンポジット製フロントフェンダー／シル／トランクリッド／前後バンパー／エプロン。ドア内に側面衝突衝撃吸収材。0.178m² (6.14cu-ft)

内装：
総コノリーレザー本革内装。電動調整式フロントシート（シートヒーター付き）。エアコンディショナー。リアウィンドーとドアミラーに熱線入り。電子式トラクションコントロール。ケンウッド製6スピーカー・オーディオ（ラジオ／カセット／CDチェンジャー）。車両盗難防止装置、リモコン式ドア・トランク・ロック。

全長：4.66m (15ft 2in)

全幅：1.83m (5ft 11½ in)

ホイールベース：2.59m (8ft 5in)

全高：クーペ 1.24m (4ft ¼ in)、ヴォランテ 1.26m (4ft 1in)

車両重量：クーペ 1780kg (35.04cwt)、ヴォランテ 1875kg (36.91cwt)

燃料タンク容量：クーペ89ℓ、ヴォランテ 82ℓ　無鉛ハイオク

最高出力：309kW (420bhp)／6000rpm

最大トルク：540Nm(400lb ft)／5000rpm

0-100km/h加速：5.0秒（マニュアル仕様）

最高速度：クーペ298km/h (185mph)、ヴォランテ 266km/h (165mph)

重量：　　　　33.9cwt (1723kg)

最高速度：　　165mph (265km/h)

新車時価格：　7万8000ポンド

アストン・マーティンV12ユニットの壮観。

美しい。一方、その骨格となるシャシーは、V12を搭載できるように設計してある。ジャガーの6ℓV12が老成期にあるのは周知の事実であり、設計の古い多気筒エンジンは時代の流れに合わなくなりつつあった。そこでフォードの力を借りて、5935ccのV12ユニットが開発された。ちなみに1993年に造られたラゴンダ・ヴィニャーレ・プロトタイプにも、当時浮上しつつあったラゴンダ・ヴァンティッジ・プロジェクトにもジャガーV12が検討された経緯がある。

いうまでもなくスーパーチャージャーつき6気筒が力不足だった訳ではない。それどころか、実用に耐える信頼性豊かで強力なエンジンだった。しかし、ワンメイクレース用に試作した、"オリジナル" DB7GTに搭載したV12が、この車の性能を一変させたのも事実だった。

総軽合金製48バルブは、6ℓを僅かに下回る排気量から420bhpを発生した。自重は3.2ℓ6気筒よりほんの少し上回るだけだったから、パワー・トゥ・ウェイト・レシオは実

ASTON MARTIN

外観は見慣れたDB7だが、ボンネットの下にはまるで別のエンジンが収まる。

質的に向上した。それにエンジン生産計画の合理化にも意味があった。こうしてDB7はその本質的な性格を変えた。これまでは他の要素と同じくらいスタイルの良さで売った実用的なGTだったが、目標とする市場をはっきり見据えた性能第一のスーパースポーツカーに変貌したのである。

V12を搭載したDB7ヴァンティッジのスタイルはアストンそのもので、主にドライバーの快適性に関する改良が数多く施された。とりわけブレーキのグレードアップは、エンジン出力が大幅に上がっただけにドライバーにとってはありがたい改良点である。デイヴィッド・ブラウン時代のアストン・マーティンで育ったドライバーは、ABS（Teves社製）つきブレンボのブレーキを踏んだ瞬間、目から鱗が落ちた。アルフィン・ドラムを持ち出すまでもなく、ダンロップやガーリングのディスクブレーキにはジャダーとスキール音がつきもので、その割に効き味が心許なかったのだ。現代のABSつきディスクブレーキはスポーツカードライバーにとって福音である。

DB7ヴァンティッジは大資本フォードの恩恵を十二分に生かしてでき上がった車であり、独力では完成することは不可能だった。一方、フォードの傘下に入る以前にアストンが単独で設計させた最後のモデルとなったヴィラージュは、その価値を認めるにしても、でき映えはファンの期待を裏切るものだった。新世代のアストンであるDB7ヴァンティッジが際立つのは、技術的に細部まで入念な配慮が行き届いている点だ。時間の余裕をもって開発された結果だが、これがニューモデルの開発にいつも汲々としているスモールビルダーには考えられない贅沢だったということだ。

アストン・マーティンがDB7ヴァンティッジを充分成熟させて世に送り込んだことは現物を見れば分かる。チューニングの余地があるのを知りながら、エンジンに比較的ストレスをかけずに製品化した辺りに余裕のある製品作りが如実に表れている。

しかしアストン愛好家にとっていいことづ

22. ASTON MARTIN DB7

美しいクーペをコンバーチブルにしても失敗する例が多い。ここまで完璧なバランスを保っているのはむしろ例外だ。

くめではなかった。オリジナルの6気筒がV12に負けない魅力があると言い張っても、しょせん誰も信じてはくれない。私の見るところ、V12に座を奪われて6気筒DB7は行き場を失い、中古車市場に流れているようだ。これはたいへん残念なことだと思う。

DB7をジャガーの血が混ざったハイブリッドとしか見なさない伝統主義者も、やがてV12が登場してアストン・ブランドの復活はどうやら一過性ではなさそうだと胸をなで下ろした。大方の人は忘れてしまったが、慈しまれているDB2だって既存のシャシーに既存のエンジンを載せ、その上に目も覚めるような美しいボディを被せた車だった。そういう意味では、エンジンの気筒数にかかわらずDB7の成り立ちはアストンの伝統そのものなのである。しかもそうして完成した車はすこぶるできがいい。ジャガーを支えていた頃と比べてシャシー性能もぐんと安定した。これも忘れてならない事実だ。

DB7GTというネーミングは賛同しがたい。意味からいえばDB7ヴァンティッジの強化版を意味する名称を名乗るのが妥当だろう。エンジンは435bhpにチューンされた。ブレーキはヴァンキッシュ仕様に近く、最終減速比も4.09：1と速くなっている。6段マニュアルか5段オートマチックが選べるトランスミッションは、ヴァンキッシュに採用されているユニットの洗練度には一歩及ばないが、そこまでする必要がないというのがアストンの本音だろう。

もっとも意味のある変更はアンダーボディ空力特性が改善されたことで、リフト量を実に50％も削減したという（だが、私は正当な根拠なしに数字だけが一人歩きしていると考えている）。ダンパー、ウィッシュボーン、スプリングレートなど広範囲に変更が行われた。従ってGTの乗り心地はヴァンティッジより硬い。しかしあくまで直接比較した場合の差であり、ドライバーでもほとんど看取できない程度だ。中間ギアをシフトアップして得る加速は驚異的に速い。かつてDB4をテストしたテスターが感じた

151

ASTON MARTIN

上：DB7GT。チューンしたV12エンジンを搭載し、スポーツサスペンションを備え、アンダーボディの空力が改善された。
下：BD7ザガートのスタイリングスタディ（同社スタイリスト、原田則彦のサインが見える）。1950年代と1970年代の特徴が色濃い。

22. ASTON MARTIN DB7

完成車は素晴らしい出来だ。

のと同じ、信じがたい加速力だ。
　エグゾーストノートがこれまた素晴らしい。ヴァンキッシュにもつく巧妙なデバイスが効果的だ。ロールス・ロイス・コンティネンタルに備わるのとコンセプトが似ているこの装置は、サイレンサーをバイパスするバルブが働いて、高回転時の背圧を逃がす。3速でトンネルの中を疾駆すると全身を快音が突き抜ける。DB Mk III以来、このV12エンジンは最良のサウンドを奏でるアストン・マーティンだと思う。

DB7ザガート
　華やかなDB7ザガートはDB7ヴァンティッジをベースにしており、基本ストラクチャーは大幅に変わってはおらず、生産台数が少ないので、DB7ザガートには厳格で金の掛かるクラッシュテストが免除されている。

もうひとつ大切なことがある。ホイールベースの短いDB7を造ろうと思っても、イアン・キャラムのデザインの基本はそう気楽にいじれるものではないので、デザイン的に退化した奇妙な車になるのがおちだろう。同じ車が2台となかったDB4GTの時代、シャシーの改造といえばただメタルを切って繋げるだけの作業だったが、DB7では困難になった。社外コーチビルダーがDB7のワンオフを試みるには、よほど優れたセンスを要する。
　完成したDB7ザガートは期待に違わない素晴らしいできだ。ザガートDB4GT以来、このエンブレムをつけたもっとも美しい車といえよう。ベースとなったDB7ヴァンティッジ・ヴォランテのホイールベースは、クーペよりわずか60mm短いだけだが、リアのオーバーハングを127mm、フロントを

24mm詰めたことで、視覚的にぐんと短く見えるようになった。純粋な2座席だが、室内がことさら狭くなった感じはなく、むしろ標準のDB7クーペと比べても相対的に室内空間は広く感じる。
　このザガートにはレトロなスタイルを認めることができるが、それを上手に活かして成功している。口を大きく開けたグリルは40年前、トゥーリングが造ったランチア・フラミニアを思い出させるが、これはDB4と同じ流れだ。DB7ザガートがDB7の美点をすべて備えている限り、性能に若干に上乗せがあってもなくても紙の上の問題でしかない。私はオリジナルのV8ヴァンティッジが生まれた時も同じことを感じた。
　DB7ザガートのボディは伝統に則って造られる。ルーフはスチール製、ボディパネルは手でたわめたアルミ合金、サイドシルカバー、前後のエプロンはコンポジット材だ。1740kg（34.25cwt）の総重量はベースとなったDB7ヴァンティッジ・ヴォランテより60kg軽い。走らせるのが楽しみだが、納車を待つ贅沢を味わえる人の数はごく少ない。その理由は価格だけではない。始めから99台の限定生産と決まっているのだ。
　ザガートの作品にしては万人受けのするスタイルで、アストン・マーティンのエンブレムをつけたこれ以前のザガートと比べると、エンターテーメント性に溢れている。見るほどに美しい。こんなことを正直に言えるなんてずいぶん久しぶりな気がする。
　本質はDB7だから純粋な意味でのスーパーカーではない。それでもDB7のシャシー・ダイナミクスは、ほんのわずか全長を短

153

ASTON MARTIN

縮しただけで向上した。そもそもヴォランテ用のオープンボディのため、シャシーは補強されており、剛性の強化に役立っている。それにアストン・マーティンの常として、サスペンションとステアリングは吟味を尽くしてある。こうしてフロントエンジン・スポーツカーとしてもっともバランスの取れた1台ができ上がった。

将来的にこの車は究極の1台になるだろう。40年後もカーコレクターがいるなら（ガソリンが枯渇しているかはこの際置くとして）、DB7ザガートは垂涎の的になることだろう。趣味のよいレプリカが作られて「かつての名車に敬意を表して」なんていうセールスコピーで売られないとも限らない。あるいは未来にも怪しげなヒストリックカー・ディーラーが登場するかも知れない。連中はDB7クーペを短くし、オイルまみれのジャガー12気筒をスチーム洗浄し、そいつをDB7のボンネットに落とし込む。いや、ぼろぼろのXJSをカット・アンド・シャットする方がよっぽど手っ取り早い。それどころか、私はDB7ザガートを模倣して、それらしい名前をつけた、ひどく出来の悪いまがい物が現れるのではないかと本気で心配している。この稿を執筆中、いみじくもXJSの中古価格は下落している。

アメリカン・ロードスター

アストン・マーティン・デイヴィド・ブラウン・アメリカン・ロードスター（マークⅠ）は単なるDB7ザガートのドロップヘッド版ではない。屋根がまったく備わらないのだ。キャンバスの切れ端すらない。だからといってレースカーでもない。名前はそれらしいし、乗員の背後にはヘッドフェアリングらしきものが備わるが、レース用の車ではない。ステアリングは左側だけで、イギリス国内では売る予定がない。イギリス車としてのプライドはないのか。まあプライドというのは個人の価値観によって決まるのだろう。ともあれ、美しいクーペのルーフを取り除くと、オリジナルの良さが帳消しになってしまうという、これは典型的な例だと思う。

私はこの車そのものを毛嫌いしているのではない。ただこの車のスタイルは、DBR

DBRA1。ザガートクーペをベースとしたアメリカ市場専用モデル。完全なロードスターで、雨風を防ぐ装備はまったくない。

レーサーにまで遡って、過去のアストンの一部を寄せ集めて作ったものだ。それが媚びを売るようでどうにもなじめないのだ。それでも、たくさん売れればいいと思う。売れた後はアメリカに留まってくれるといいと思う。おそらくアメリカから流出することのない車だろう。ひとつこの車でいいのはマニュアルギアボックスしかつかないことだ。ただし目指す市場はカリフォルニアだと思われ、最終仕様までマニュアルのみでいくかは予測がつかない。別表に掲げたスペックからお察しのとおりベース車両はDB7ヴァンティッジ・ヴォランテである。

新型アストン・マーティンにようこそ。なるほどこれらモデルは万人向けの車ではないし、アストンとは大衆の嗜好に迎合するブランドでもない。アストン・マーティンはフロントエンジン、リアドライブを自社製品にとって至高のレイアウトであると再度確認した今、現行ラインナップの中で、"味方の努力を無にする"異端モデルは思いつかない。よく統制のとれた製品系列だ。同社の浮沈に満ちた歴史を俯瞰した読者は、とりわけここ30年の激しい浮き沈みを知る読者は（繰り返しになるがヴィクター・ゴーントレットがこのブランドに寄せた固い決意の意義は大きい）、そもそもアストン・マーティンが存在すること自体が奇蹟であると実感されることだろう。今ある姿で存在すること、現行モデルが示すごとく、よく吟味されたスポーツカーを製作する能力を備えていること、そのどちらも同社の持ち主と製品のオーナーによる、声高に語られることのない共同作業の結果なのである。

DBAR 1

エンジン：
軽合金製V12、4カムOHC、48バルブ、5935cc。圧縮比10.3：1。Visteon EEC Vエンジン制御システム（フューエルインジェクション・イグニッション・ダイアグノーシス）。キャタライザー付きステンレス製排気システム（バイパス・バルブ・システム）。

トランスミッション：
6段マニュアル、リミテッド・スリップ・デファレンシャル。最終減速比：4.09：1

ステアリング：
パワーアシスト付きラック・ピニオン
ロック・トゥ・ロック：2.54回転、コラムおよびリーチ調整式。

サスペンション：
前：独立式、ダブル・ウィッシュボーン（アンチダイブ・ジオメトリー）、コイル・スプリング、モノチューブ・ダンパー、アンチロールバー
後：独立式、ダブル・ウィッシュボーン、縦置きコントロールアーム、コイル・スプリング、モノチューブ・ダンパー、アンチロールバー

ブレーキ：
前：ヴェンチレイテッド・クロスドリルド・スチールディスク（355mm径）、4ピストン軽合金キャリパー
後：ヴェンチレイテッド・クロスドリルド・スチールディスク（330mm径）、4ピストン軽合金キャリパー、ドラム式駐車ブレーキ、ABS（テヴェス製））

ホイール／タイヤ：
ホイール：マルチスポーク・アルミニウム製 8J x 18（前）、9J x 18（後）
タイヤ：ブリヂストンS02 245/40 ZR18（前）、265/35（後）

ボディ：
2ドア、オープン、2座、鋼板製アンダーフレームおよびボディパネル。アルミニウム製フロントフェンダー／シル／トランクリッド／前後バンパー／エプロン。ドア内に側面衝突衝撃吸収材。

内装：
2ドア、オープン、2座、鋼板製アンダーフレームおよびボディパネル。アルミニウム製フロントフェンダー／シル／トランクリッド／前後バンパー／エプロン。ドア内に側面衝突衝撃吸収材。

最大出力：
435bhp (324kW) ／6000rpm（6MT）

最大トルク：
556Nm (410lb ft) ／5000rpm（6MT）

加速力：0-100km/h (62mph)
　　　　　　　　　5.0秒以下（6MT）

最高速度：約185mph (298km/h)（6MT）

新車時価格：　　　　7万8000ポンド

ASTON MARTIN

Aston Martin
'V' cars
アストン・マーティン "V" カー

フォードの傘下に入ってからの数年間に入社した、ビジネススクールを卒業したての未来のエリートたちは、ニューポート・パグネルに足を踏み入れ、現場のあまりもの非効率ぶりを目の当たりして呆れ果てた。アストン・マーティンのビジネスは上向いており、訪問者の数も露出度も増えていたが、新入社員の様子を見たヘイズは、内部を野放図に晒すのはよくないと、アストンに出入りする人間の数を制限することにした。ヴィラージュの設計見直しはアストンの取り組むべき仕事のなかでも大きな課題だったが、ヘイズはこうした理由でフォード抜きで進めようと考えた。この時以降、ビッグ・アストンは、社内では単に"V"カーと呼ばれるようになる。

現代のアストン・マーティン・ヴァンテイッジ。

4座のスーパースポーツカー

今日、190mph（306km/h）の性能を持つフロントエンジンの市販車は少数派だ。一方、同等の動力性能を標榜するミドエンジン、あるいはリアエンジンは豊富に揃っている。エンジンをフロントに置かなくなった最大の理由は、重量配分にある。もとを辿れば、チャールズ・クーパーが持ち込んだミドエンジン・マシーンがグランプリレースの世界にもたらした理論が、今日の高性能スポーツカーにもそのまま当てはまっているといえよう。

ミドエンジンとリアエンジンのメリットは、端的にいって良好な重量配分とトラクションにつきる。重量も大幅に軽減できる。なにしろ重くて嵩張るプロップシャフトが要ら

23. ASTON MARTIN 'V' CARS

ず、それを支持する頑丈な構造物も省略できる。また動力伝達系のコンポーネントも軽量設計が可能だ。たとえばギアボックス／アクスル・ユニットは、大きなエンジンで支持ができる。フロントの設計も自由度が増し、操向系やブレーキ、タンク類を支持するだけになる。強力なトラクション、軽い車重、良好なパワー・ウェイト・レシオ。こうした美点をつきつめればレーシングカーはどうしてもこのレイアウトに行き着く。超高性能スポーツカーでも事情は似たようなものだ。

しかしそのレイアウトゆえ、3座のマクラーレンF1を例外として、ミドエンジンとリアエンジン・スポーツカーはおしなべて2シーターか2+2だ。そうした中にあって、ヴィラージュはファミリーサルーンではなく、しかし4人が乗れることから人気があった。人々がザガート・ボディやDB4GT、あるいはDBS V8ではなく、ヴィラージュを選んだ理由はまさにこれである。動力性能でアストンに新境地を拓いたわけではなく、ハンドリングについてもこれまでのアストンより優れているわけではなかったが、だれもが頷く美しいボディをまとった4シーター車だ。

"伝統的な"フロントエンジンレイアウトに執着し、なお新世代"スーパーカー"のスピードに肉薄しようという車は少ない。ダッジ・ヴァイパー、リスター・ストーム、ベントレー、そしてアストン・マーティン・ヴァンティッジといったところか。どれも壮大なるアナクロニズムかもしれないが、こうした車があること自体、喜ばしいことだ。

さらにパワーを

ところでヘイズは、DB6以降、アストン・マーティンは進むべき道を見失ってしまったと考えていた。この見方が正しいとするなら、中核モデルであるヴィラージュこそ、フォードの傘下に入ったことによるメリットを享受して、実効を挙げるべきだった。中核をなす車の設計を社内で構築できないまま、高価なレースモデルにイメージ作りを託すなど主客転倒もはなはだしい。それもAMRは第三者の資金でできたレースカーであり、リチャード・ウィリアムズの立場はあくまで社外チューナーだ。確かにウィスコム・パークのヒルクライムで、あるいはカーボローのスプリントでアストンは活躍していた。しかしメーカーとしてアストン・マーティンが造る製品とは直接関係なく、そのどれもが極端にチューンした、ちょっとコミカルなスペシャルの域を出ない。

さて本題のV8には、スーパーチャージャーを装備してさらにパワーアップを図るべきだとリーヴス・キャラウェイは考えていたが、フォードの傘下に入ったことで機が熟した。圧縮比を落としたうえで、スーパ

かつてのアストン・マーティン・レーシング・グリーンを思わせるボディカラーに塗られたヴァンティッジ。

ーチャージャーを2基装着したところ、550bhpと550lb-ft（約76mkg）のトルクが確実に出た。排気音規制をクリアするためには6段ギアボックスを備えて、高めのギアでエンジン回転を低く抑える必要があった。ギア比などは登録後、その気になれば変更が可能だった。

"V"カーで飛躍的に進化したのはエンジン・マネジメントシステムだ。もはやウェバー・マレッリの燃料システムは姿を消し、フォードが供給するEEC IVエンジン・マネジメントシステムが取って代わった。このシステムは、大きなV8を4気筒ユニットを2個繋げたものとして管理する。ヴァンティッジの出力とトルクは、公表値で550bhp／6500rpm、550lb-ft／3000rpmだが、実感としてはもっと出ていると思われ、さらなる上乗せの余地があるのは間違いなかった。

実は、ヘイズが本腰を入れる前からヴィラージュの熟成は進んでいた。まず6.3ℓエンジンが採用された。アストンのエンジン担当技術者が手塩にかけて熟成した、扱いやすさでは折り紙付きのユニットだ。あわせてボディにも改変があり、500bhpを発揮しながら、ほとんどトラブルはなかった。初期モデルと比べると大幅に改良されている。調整可能なサスペンションは大いなる飛躍で、途方もなく速い車になった。

しかし生産を一気に増やす見通しは立たず、かといって大型エンジンを搭載したヴィラージュが登場したため、標準型ヴィラージュの魅力は薄れてしまった。

一方ヴァンティッジは違った。先代のヘファーナンとグリーンレイによるデザインを継承したまま、ビーチ・シャシーのホイールベースも同一で、外寸やプロポーションに変更はない。しかし骨格は大々的に軽量化され、さらに重要なことに、ヴィラージュの発表時からハンドリング問題の元凶とされていたリアの三角形A形サブフレームが廃止になった。代わりにV8ヴァンティッジ・サルーンの後期型で採用されていたレイアウトを、さらに剛性アップしてリアアクスルの位置決めを図った。結果として、軽量なプ

精密に計測するとまったく同じアストン・マーティンというのは2台と存在しない。

23. ASTON MARTIN 'V' CARS

DB2からヴァンティッジまで、アストン・マーティンはこのようにして造られてきた。

ラットフォームに、リアエンドのコンプライアンスが激減したリアサスペンションの組み合わせができあがった。今回、ハロルド・ビーチのシャシーはもっとも抜本的な改良を受けたわけだが、剛性を犠牲にすることなく大幅な軽量化を果たせたことを意外と思う者はいなかった。

デトロイトの設計エンジニアが何代にもわたって立証してきた通り、柔らかいスプリングで担った車を作って事たれりとするならあまり苦労はない。デザイナーにとってはるかに難度の高いチャレンジは、工学的に正しい基本設計をもって、車の荷重に対処することだ。サスペンションのコンプライアンスを最小限に抑えつつ適正なスプリングレートを見極める。正確な基礎セッティングをないがしろにして、大量のラバーブッシュ、巨大なリーフスプリング、あるいは圧縮空気などで帳尻を合わせようというのは正攻法ではないと思う。この命題に正面から取り組み、さらなる成果を挙げるよう世界中のメーカーの一層の奮起を望みたい。引き合いに出されては迷惑だろうがコーヴェットはこの点で長足の進歩を遂げたが、それでもなお、ブッシュのコンプライアンスが過大で、コーナリング中リアサスペンションに無用な動きが多すぎ、トラクションが有効に路面に伝わっていないと私は感じる。

大型のフロントエンジン車で高速が出て、いざとなれば操舵とブレーキングを同時に行え、なおドライバーに不安を与えない。そういう車を設計することは、自動車設計者にとって変わることのないチャレンジだ。この分野で不断の努力を惜しまなかったメーカーとして、イギリスで筆頭に挙げられるべきはアストン・マーティンで、ブリストルがそれに続く。設計家にとって困難だがやりがいのあるこの仕事は、たいてい小規模メーカーが請け負っている。だか

ASTON MARTIN

室内はおおむねヴィラージュと同じだ。

らどの製品も割高になる。前を走る車を抜くことしか考えていない"マッスルカー"のドライバーにとって、アストン・マーティンは謎だ。もっと速くしようと思えばできるのに、そうしないのはなぜだろうと訝る。いや、アストンだって高性能版を用意してきたが、それには必ず一本筋を通してきた。つまり標準版より強力なエンジンを搭載し、スピードの出る車にしたからにはハンドリングも向上させるのが彼らの流儀なのだ(ただしここでは正確を期すためにDB5だけは例外とする。このモデルは技術的には進んでいるが、今私が述べたアストンの流儀からはやや外れている)。

ヴァンティッジとV8クーペ、そしてヴォランテはDBSに端を発するテーマを理論的に発展させた車だ。しかも軽量シャシー、熟成したエンジンとトランスミッションが相まって、どの部分を取ってもDBSより優れた車に成長した。内装に手をかけすぎと考える向きもあるようだが、市場がそれを望んでいるなら、目くじらを立てることはあるまい。市場の動向に逆らって倒産したメーカーは歴史の中で枚挙にいとまがないのだから。

アストン・マーティンは、車輪が4本、ステアリングホイールとエンジンがひとつついているものならば、オーナーの注文をなんでもかなえてくれる。シューティング・ブレークもお望みとあらば造ってくれる。DB7を別として、もっとも一般的なモデルはV8クーペだが、これすら注文製作が前提だ。出力は控えめな350bhpで、ヴォランテも同じだ。一方、ヴァンティッジは550bhpという途

160

方もない力を発揮する。

　これまで述べたことからお分かりのように"V"カーはヴィラージュの論理的な発展型であり、これを根本的に造り直した車である。美しいスタイルはそのままに、機械部分の完成度を数段高めた。初めてアストンが、フォードの研究開発部門の設備を自由に使ってできたのが"V"カーである。"V"カーは紛う方なきアストン・マーティンV8でありながら、フォードから膨大なメリットを得ている。投資したフォードにとっては比較的小さな額だったが、受け手のアストンにとっては未曾有の巨額だった。現実には既存のリソースを適宜利用して造った車ではあるが、結果的にこのクラスに新たな水準をもたらすことになった。

　もちろんフォードとアストンの共同作業はこれに留まらない。

レストアとサービス専門

　そんなわけで、ニューポート・パグネルからは常時23台が並ぶ"ライン"は消えた。代わりに、顧客の注文に従って"V"カーを製作するファクトリーに隣接して、レストアおよびサービス専門の素晴らしい施設が誕生した。レストア部門はサービス部門の一部であり、両者ともキングズリー・ライディング-フェルセが采配を振るった。ここのレストア部門は同業者が羨むほど充実した設備を誇る(ゆめゆめ"特売場レベル"の工賃など期待されないように)。ここでの作業は、1991年ウォルター・ヘイズが提唱した"一生つきあえる車"をテーマに行われる。また、サービス部門のメカニックの大半はもと生産部門にいたのだから、ここを訪れるオーナーは、かつて自分の車を製作したメカニックその人に面倒を見てもらえることもある。こんなサービス工場は他にはない。

　ノーズからテールまで1台を丸ごとリビルドするというのは気軽な作業ではない。いかにアストンが過去から現在まで一貫して人気のあるブランドとはいえ、完全な修復を必要とする個体数には限りがあると思うのが普通だろう。ところが実際はそうでもないのだ。アストンのサービス部門が行う作業は"ワークス・プリペアード"と呼ばれ

スーパーチャージャーを2基備えたキャラウェイ・マレック・エンジン。

プロジェクト・ヴァンティッジ——21世紀への架け橋

　"プロジェクト・ヴァンティッジ"が初めて姿を現わしたのは1998年だった。当初は、アストン・マーティンがこれから辿る方向を示すためのワンオフ・プロトタイプとして造られた。ちらりと見ただけではステロイドを飲んだDB7としか映らないが、実体はこれを遙かに上回る急進的な車だった。DB4GTザガートとの近似性は明らかだが、デザインしたのはイアン・キャラムで、あくまでDB7から派生した車である。シャシーは押し出し成型のアルミとコンポジットから成り、ボディのアウタースキンは軽合金製だ。エンジンは6ℓV12で450bhpを発生、F1スタイルのパドルシフトを採用した。計算ではプロジェクト・ヴァンティッジは200mph (322km/h)を上回る最高速を出したはずだ。これに大きく貢献しているのが現行のAMヴァンティッジより実に1000kgも軽い車重だった。外観は締まって見えるが、実寸は小さくないのでこれは立派な数字だ。

　エンジンはお馴染みのアルミブロック48バルブだが、これは日の目を見ずに終わったラゴンダ・ヴィニャーレに搭載されていたはずのエンジンだ。出力は450bhpと控えめだが、目標重量を達成していれば、0-60mph (97km/h)加速は4秒台だったはずだ。

　インテリアは見た目に心地よい。ヘアライン加工を施されたアルミ、革、カーボンファイバーをうまく使い分けている。V8に見られた贅沢な設えとは明らかに別のセンスでデザインされている。こうした素材が目標とした重量削減に一役買っていることはいうまでもない。

　限定公開されたプロジェクト・ヴァンティッジは熱狂的に迎えられた。これに気をよくしたアストンは、このコンセプトカーを熟成して生産車にしようとの大英断を下し、こうしてヴァンキッシュが誕生した。新たに就任したアストン・マーティンCEOウルリッヒ・ベッツの鶴の一声で、スタイリングに最後の手直しを受け、2001年のジュネーヴ・ショーでベールを脱いだ。

ASTON MARTIN

23. ASTON MARTIN 'V' CARS

プロジェクト・ヴァンティッジのインテリア。新素材を広範囲に使っており、伝統のアストン・スタイルと訣別しているが、おおむね好意的に受け入れられたようだ。

左ページ上：
プロジェクト・ヴァンティッジ。イアン・キャラムはまたもや傑作を創造した。V12を積むワンオフはちょっと見ただけではDB7のように映るが、実物はヴァンティッジ・クラスの大きさがある。DB7同様、ボディを構成する各部は完璧な均衡を保っている。それにしても血筋は明らかで、ザガートに端を発するインスピレーションが再現されている。DBシリーズのテーマを巧みに現代化しているが、単体としてのオリジナリティの高さは極めて高い。

左ページ下：
プロジェクトのサイドビュー。一連のプロジェクトカーやDB6で初めて取り入れられた、カム形状がテールに色濃く現れている。フロントホイールアーチ後方のエアベントに注意。これがなければアストン・マーティン・デザインは完結しない。

(Photo : Aston Martin Lagonda)

る。レストアにしても改造にしてもメーカー公認という証だ。"ワークス・プリペアード"は今後、この種の作業を判断する基準点になるだろう。これまではメーカーで作業を受けたからと言って、必ずしも最高というわけではなかった。ライディング-フェルセの指揮の下、社内での位置づけが高まったサービス部門は、世界中のオーナーにとって待ちこがれた安息の地になった。

もっともこれまでも、オーナーは壊れた車の持って行き場がなかったというわけではなかった。もともとアストン・マーティンは他のブランドと比べて、製作台数に比してアストンしか扱わない専門ワークショップの数が多かった。そんな専門ワークショップのオーナーがいみじくも私に語ったものだ。「社内のサービス部門ができた以上、ファクトリーにスペアパーツのストックがないという言いわけが、立たなくなったね」昔は本家に置いてないスペアパーツはそう珍しくもなかったらしい。

"V"カーやDBシリーズを持つ幸福なオーナーたちに用意されたスペシャル・チューニングパーツを前にすると、その数の多さに途方に暮れてしまう。"ワークス・プリペ

アード"は昔の車を最新の仕様にするためにあるのに対して、"ドライビング・ダイナミクス"は現行モデルが対象だ。ここが用意するエンジンおよびハンドリング関係のチューニングパーツは、どんなにやかましいオーナーも黙らせるに十分だ。「お手持ちのヴァンティッジに600bhpのエンジンを搭載したいとご希望ですか。おやすいご用です」「5段トランスミッションをお望みですか。もちろん承ります」とこんな具合だ。せっかく備わっている6段を5段に交換するなど、とんでもない無駄だと思われるだろうが、ヴァンティッジでは5段の方が中間ギアのピックアップが若干鋭くなるのだ。もっとも通行人にとっては甲高い咆哮が迷惑なのだが。同様にAP製のレース用ブレーキも装着できる。これなら600bhpのモンスターをスマートに停止させられる。どれもこれも腰が抜けるほど高価だが、こういうものを求めるオーナーが存在するのだ。

ヴァンキッシュの登場

ニューポート・パグネルに赴いて、現在のアストン・マーティンを訪問する。これはわずか数年前とはまったく別の体験だ。いたるところに巨大資本が投下された証が目にとまる。しかしこの地の本質は失われていない。今でも静けさが心地よい。だが、静かなのは市場が停滞しているからではない。私が最後にここを訪れたのは1991年、アストンが不況に喘いでいた頃のことである。すでにフォードは介入していたが、素晴らしい未来が見えていた訳ではない。現在のアストンを訪れると、熟達した技術を持った人々が思うままに腕を振るっていることがすぐに感じ取れる。ようやく潤沢な資本に支えられ、そういう環境が整ったのである。フォードが買収した当時、やはり世間に不信のトマス*はいた。私自身はフォードの介入がどう転ぶのか、なんとも決めかねていた。改めてアストンを訪れてふとこんな思いが心に浮かんだ。私は今でもアストン・マーティンがイギリス人の造ったフェラーリだとは考えていない。しかしフォードの造ったフェラーリといっても差し障りはないのかも知れない。

アストンが次に造るのはヴァンキッシュよりさらに獰猛な発展型か、あるいはDB9の

163

ASTON MARTIN

派生型か、はたまったく別のモデルなのか。なんであれ実際にアストンを造っている人々にとっては、大した変わりはないのだと思う。ニューポート・パグネルでは、クリップボードに挟まれた今日のスケジュールに、ボディの凹みを直すことと書いてあれば、凹みの修正に心血を注ぐ。アルミパネルを愛するレストア部門の彼は、いつかカーボンコンポジットやらを相手にするのかと思うとぞっとしているが、顔には出さない。かつて私にぼろぼろのMkⅢを売りつけようとした中古車業者は、来るべきアストン・マーティンをどう考えているか、それは私には分からない。

本書の初版が出た頃、果たしてヴァンキッシュは本当に生産に移るのか、私はいささか疑わしいと思っていたが、本当に生産化されてしまった。同社の歴史において初めて、アストン・マーティンは大きな飛躍を遂げたニューモデルを製作したのだ。旗艦モデルとしてヴァンキッシュが登場したことはDB4以来最大のイベントとなった。すべてが完璧に新しい。そもそもプロトタイプと生産型と比べてほとんど違いを識別できないというのは、アストンの自信の程を示すものに他ならない。

ヴァンキッシュのコンセプトは私たちにとってお馴染みだ。フロントエンジン。走った後の路面にブラックマークを残す高性能車。DB7に通じる一族特有のスタイル。しかしそこから先はまったくの別物だ。48バルブ、ツインカム、6ℓV12は今でこそDB7にも載っているが（チューンはDB7の方が低い）、このエンジンはヴァンキッシュ版でもまだ余力を残しているようだ。最初の調教を一通り済ませた後、これをどう料理するかはオーナーのセンスが大きく物を言うだろう。

シャシーはアストンが住み慣れたホームグラウンドから大きく脱却した部分だ。現在のシャシーは複数のコンポーネントから構成される。ハロルド・ビーチの発想から生まれたプラットフォーム・レイアウトは幾多の改良を施されて今日まで継承されたが、製作方法はまったく変わった。各セクションに押し出し成型のアルミを用い、これを接着剤とリベットでセンターバックボーンに接合。トランスミッショントンネルを形成す

ヴァンキッシュのモノコックは押し出し成型のアルミ、カーボンファイバー、コンポジットを使い分けている。緑の部分にカーボンファイバーとコンポジットを用いている。

右ページ：ヴァンキッシュは各パネルを手作業で組み付けるが、完成したボディワークは非の打ち所がない。

164

23. ASTON MARTIN 'V' CARS

るそのバックボーンの素材は強固なカーボンファイバーである。

これまでのアストン・マーティンにはまるで第二次大戦中の戦艦から拝借してきたような、古くさいパーツが随所に使われていた。ヴァンキッシュではこれらスチール製パーツを大幅に削減し、代わりにアルミ、カーボンファイバー、コンポジットを採用した。ところが重量軽減は想像されるほどには大きくなかった。車両総重量は1835kg（36.1cwt）、これは先代より若干ながら重い。一方、そこに投入された工学技術は卓越している。先進素材から造られるパーツの精密度は、スチールパネルの溶接ものとは比べものにならない均質性をもたらした。これまでは2台のアストンを並べて比べると、各部の違いが目にも明らかだったが、これからは違う。今さら声を大にして言うことではないが、各パネルは車両間で完全に互換性がある。

それでもアルミ製のフェンダーを1枚所定の位置になじませるのに5時間を要する。人間の手で可能な限り完璧に近く仕上げるのが目標だ。なるほどヴァンキッシュはアルミボディに望み得る完璧な仕上がりを見せている。決して8層ペイントの成せる技ではない。これまでのアストン・マーティンがどれもそうだったように、パテは一切使わない。ニューポート・パグネルにしてもブロクサムにしても、パテなどいう"コスメティック"は軽蔑の目で見られている。アストンとライバルの優劣論は今も昔も盛んに取り交わされているが、ひとつ確かなことは、アストン・マーティンは市販車の中でもっとも入念に造られた車だということだろう。唯一、アストンと肩を並べるブランドがあるとすればブリストルだろう。余談ながら、土木技師のI.K.ブルネルならブリストルを高く評価するだろうが、航空技術者のR.J.ミッチェル**はそうでもないだろう。私の勝手な想像だが。

トランスミッションは技術的に見てこの車のハイライトだ。マニェッティ・マレッリと共同開発したもので、電子制御された油圧アクチュエーターがクラッチを断続する。F1式にステアリングコラムの左右のパドルでシフトする。操作には若干の慣れを要し、とりわけ渋滞の中で思い通りに使いこなすのは楽ではない。およそ460bhpもあるパワーを受け入れるのだから、トランスミッションの容量は相当大きくとってある。比較的ショートストロークのV12は、スーパーチャージャー付きV8のトルクと比べればおとなしいのがむしろ幸いだ。ピークパワーは比較的マイルドな6500rpmで発生する。早くもどこかでこの素晴らしいエンジンからさらなるパワーを"解放する"作業が始まっていることだろう。

ヴァンキッシュは美しいボディに巧妙なギアボックスを組み合わせただけの車ではない。V8ヴァンティッジの最終型と比べてみればすぐに分かるが、車重と外寸はアストン・マーティンの旗艦として従来のレベルから大きく外れてはいない。一方、重量バランスはまったく変わった。新素材を用いていること、エンジンとトランスミッションの搭載位置を配慮した賜物だ。

本当の愛好家が、真に価値があると認めて新車で買う車には、長年の使用に耐えて新車当時の美点を保ち続ける強靱さが前提条件となる。買って2、3年でレストアラーのお世話になるようでは困る。強靱

な造りの車なら中古車になってもそう簡単に"手頃な"価格に崩れることはない。だから私は、中古車業者がヴァンキッシュを食い物にすることはあるまいと踏んでいる。実際、スーパーカーの世界の標準では、ヴァンキッシュの新車価格はその入念な造りを考えれば、買い得感さえある。

言うまでもなくヴァンキッシュは21世紀のボンドカーだ。エンジンとトランスミッションを放り出して飛び道具を詰め込んだからといって目くじらを立てることはない。007が座る操縦席はアストン・マーティンでないとやはり様にならない。ましてニューポート・パグネルが送り出したニューモデルなら最高と、目を細めるファンは大勢いるはずだ。世の中、始めた当時は予想もしなかったいい結果をもたらすことが時にある。ボンドカーなどそのいい例で、アストン・マーティンにとって、今や世界に向けたパブリシティーとなっている。

(*注) キリストの弟子でトマスだけは、十字架に釘付けされたキリストの傷跡を見ないうちはその復活を信じないと言ったことから疑い深い人を指す。
(**注) イザムバード・キングダム・ブルネル(1806年4月9日〜1859年9月15日)。イギリスの土木技師、造船技師。父親マークと協力して、テームズトンネル開通の難工事に加わる。メイデンヘッド・レイルウェイ・ブリッジ、クリフトン吊り橋、ロイヤル・アルバート・ブリッジなど巨大な架橋工事を達成。グレート・ウェスタン鉄道を施設、最初の大西洋横断汽船の建造を試みるなど、イギリスの土木、造船史に大きな足跡を残した。
レジナルド・ジョセフ・ミッチェル(1895年5月20日〜1937年6月11日)。飛行機技師。イギリスの航空機メーカー、スーパーマリン社に在籍中、Sシリーズシリーズを開発、イギリスにシュナイダー・トロフィーの永久保持権利をもたらした。1936年、ミッチェル設計のタイプ300がイギリス空軍制式機として採用され310機の量産発注を得た。これがスーパーマリン社最初の陸上戦闘機スピットファイアである。

イギリスが生んだふたつの名品。映画『007 ダイ・アナザー・デイ』のセットに置かれたヴァンキッシュ。

23. ASTON MARTIN 'V' CARS

V12 Vanquish
2001年〜

エンジン:
総軽合金製、DOHC、48バルブ、5935cc、60°V12、圧縮比10.5:1、VisteonツインPTECエンジンマネージメントシステム(燃料噴射および点火系を集中制御)、キャタライザー付きステンレス・エグゾーストシステム

トランスミッション:
6段マニュアル(ASM:オートシフト・マニュアルおよびSSM:セレクトシフト・マニュアル)、SCP/CAN(エンジンマネージメントシステムにより制御)、最終減速比3.69:1(リミテッドスリップ・デファレンシャル付き)

ステアリング:
ラック・ピニオン(可変式パワーアシスト付き)、ロック・ツー・ロック:2.73、チルトおよびリーチ調整式コラム

サスペンション:
前輪:独立式、アルミニウム製ダブルウィッシュボーン、コイル・スプリング、ダンパー、アンチロールバー
後輪:独立式、アルミニウム製ダブルウィッシュボーン、コイル・スプリング、ダンパー、アンチロールバー

ブレーキ:
前輪:ベンチレーテッド(クロスドリルド)スチール製ディスク、355mm系、4ピストン式キャリパー
後輪:ベンチレーテッド・スチール製ディスク、330mm系、4ピストン式キャリパー、別体式駐車ブレーキ・キャリパー、テヴェス製バキューム・アシスト式アンチロックブレーキ、ブレーキおよびエンジン制御式トラクションコントロール・システム

ホイールとタイア:
軽量鍛造アルミニウム合金製ホイール、9J×19(前輪)、10J×19(後輪)
ヨコハマ製255/40ZR19(前輪)、285/40ZR19(後輪)

ボディ:
2ドア、2座席または2+2座席、押し出し成型アルミニウム材およびカーボンファイバー接着構造モノコック、コンポジット製衝撃吸収構造(車両前端および後端)、アルミニウム製ボディ外皮、ドア内部に押し出し成型アルミニウム製側面衝突衝撃吸収材を設置、ワイパーブレード内にウォッシャーノズルを設置、荷室スペース:0.24m² (8.48cu-ft)

内装:
コノリー(現在はBridge of Weir)製本革およびアルカンタラ張りインテリア。電動調整式フロントシート(シートヒーター付き)、エアコンディショナー、熱線式リアウィンドー、アルパイン製6スピーカーオーディオ(ラジオ、カセット、6連装CDオートチェンジャー)、アラームおよびイモビライザー(リモートコントロール式ロックおとびトランクオープナー)、タイア空気圧警告装置、雨滴感応式ワイパーシステム、自動点灯消灯式ヘッドライト、自動防幻式リアビューミラー、トリップコンピューター集中表示警告灯、バッテリー遮断スイッチ

全長: 4.66m (15ft 2in)

全幅: 1.92m (6ft 3in)

ホイールベース: 2.69m (8ft 9in)

全高: 1.32m (4ft 3½in)

車両重量: 1835kg (36.12cwt)

燃料タンク容量: 80ℓ (17.6gal)、95 RON 無鉛ハイオク仕様

最高出力: 343kW (460bhp)／6500rpm

最大トルク: 542Nm (400lb ft)／5000rpm

加速力: 0-100km/h (62mph) 5.0秒

最高速度: 306km/h (190mph)

Aston Martin DB9

アストン・マーティン DB9

「実にけしからん」心の中でそう呟きながらDB7を品定めした伝統主義者は、「こんな車はジャガーXJSとして売るべきだ」と進んで攻撃したものだ。そんな伝統主義者もアストン・マーティンが次にどんなモデルを放つつもりなのか、これには見当もつかなかった。ただ確かなことがひとつあった。フォード傘下に入る以前のアストン・マーティンを所有しているオーナーの多くは、たとえば自分のDB4の代わりに乗るとしてDB7が相応しいとは思っていなかった。2001年も終盤に入ると、相当な数のDB7が中古車市場に出回っていた。中古車業者もこの車の本質はお見通しで、「こいつはきれいに作ったジャガーだな」と口にした。ブランドなどになんの幻想も抱いていない彼らも、スイッチ類に同じフォードグループ内のマツダで使われているものが流用されていたのには驚いた。

2000年中頃、アストン・マーティンのCEOに就任したウルリッヒ・ベッツは当惑していた。当時のアストンでは、ミドエンジンV8が主たるプロジェクトとして進行していたのだ。イアン・キャラムによるデザインも完成し、ジャック・ナッサーのゴーサインも出ており、後は市販化に向けて開発を進めるだけだった。しかしベッツは、「果たしてこれでいいのだろうか。フェラーリがミドエンジンカーを造るのは構わない。40年もそうしてきたのだから……」と考えていた。

2003年10月、ベッツはこの懸念を声に出した。「アストン・マーティンは違う」と。彼の言い分には一理あった。市販形ミドエンジンカーは紆余曲折の歴史を経て今日に

DB9。アストンにしてはアバンギャルドなタッチなのに、リアピラー部だけはDB5そっくりなのは面白い。

いたる。軽い考えで、いつもの道を走り出すとたちまち罠に陥る。時にベテランドライバーですらミドシップのハンドリングを過信することがある。初期型フェラーリ365BBを限界まで振り舞わしてみるといい。私の言っている意味が理解されるだろう。それに次期モデルをミドシップにすれば、世間から「アストンよ、お前もか」といわれかねない。ベッツはポルシェ在籍時代に才能を十分に発揮した一流のエンジニアだ。そのポルシェはフロントエンジンのカイエンで大きく収益を伸ばした。ベッツはエンジニアとして自分の判断に絶対の自信を置いていた。そしてCEOに就任した直後の極めて重要な数カ月に、進行中のミドエンジンプロジェクトに終止符を打ち、自分の信じる方向性を打ち出した。

DB7のコンセプトとDB9

自動車批評家がなんと言おうとDB7が美しい車だったことはだれもが認める事実だ。イアン・キャラムは、その昔エルコーレ・スパーダが創出したデザインテーマを現代流に表現し直し、見事に成功した。なにより物を言ったのはDB7の販売実績だ。この車のコンセプトが正しかったからこそアストンは量産を果たし、利益が上がる車を手することができた。ベッツの目標は利益の上がる企業体質に強化することだ。したがってDB7の後継車は、これの理論的な発展型以外には考えられない。かつてのアストンからすれば膨大な額の予算があてがわれ、フォードがプレミア・オートモーティヴ・グループ（PAG）と銘打つ部門から有形、無形の資産を利用できる。しかし今は、アストン・マーティンにとってホームグラウンド以外の場所に踏み入れる時ではなかった。

アストン・マーティンは非常に優れたエンジンを持っている。これは立証済みだ。そしてアストン・マーティンは眠っていたデザインテーマを復活させた。20世紀中盤ミラノ派として歴史に記されるであろう官能的なデザインを模倣に走ることなく、現代に蘇らせた。20世紀中盤と言えば、自動車

DB9の曲面は力感に溢れている。どの角度から見ても思わず引き込まれる。

経営陣の交代

フォードがアストン・マーティンをプレミア・オートモーティヴ・グループに入れた代償は帳簿上の数字に留まらなかった。世紀の変わり目に世界経済が後退していき、株式市場が急落するや、これと合わせてフォードの勢いも衰えていった。いつの時代も景気後退の影響を最初に被るのは車の販売である。2001年9月に起こったアメリカ同時多発テロはワールドトレードセンターだけでなく、フォードの自信をも粉砕した。これを契機にフォードの沈滞したムードは、一歩間違えればすぐさま破綻という危機意識に発展する。アストン・マーティンの命運はまたしても、経済の浮沈という予測のつかない変化に翻弄されることになるが、これには偶然として片付けるには大きすぎる予備段階があった。思えばゴーントレットの時も、経済不況が本格化する直前に、ゴーントレットがフォードと交渉を始めたのだった。フォードは買収したラインアップ、ジャガー、アストン・マーティン、ボルボ、ランドローバーの4ブランドをひとつのグループとしてまとめ、本社機構から独立して管理することにした。ウォルフガング・ライツレのアイディアを、ジャック・ナッサーが支持した。4つのブランドが造る個性豊かな製品は、大量生産商品とはまったく別の生産方法・販売チャンネルが必要である。フォードがマーキュリーを買収した当時、身をもって学んだ教訓だったはずのシンプルな真理を彼らは再度思い知り、だから4社をPAGとして独立させたのだった。そのPAGは二人の男のキャリアに取り返しのつかない結果をもたらす。フォードが金を失ったのはPAGのせいではなかったが、しかしワールドヘッドクォーターの社長兼CEOナッサーは赤字決算が出た時点で辞任、子飼いの役員多数もこの時に辞任した。その中にはライツレの名前もあった。

2006年8月末日、財政的苦境に陥ったフォードはアストン・マーティン売却の意志を表明、デイヴィド・リチャーズ、ジョン・シンダーズらによる企業連合、Investment Dar and Adeem Investment が買収することが、2007年3月12日に明らかになった。当面は現在のトップであるウルリッヒ・ベッツもチーフ・エグゼクティブの座に留まることになっている。デイヴィド・リチャーズは、モータースポーツ・エンジニアリング会社のプロドライブの創設者として知られている。ジョン・シンダーズは、北米とUAE（アラブ首長国連邦）のドバイに拠点をおく銀行家だ。また、Investment Dar は、クウェートに本拠を置く中東最大手の投資会社である。

アストン・マーティンでスト発生

ドクター・ウルリッヒ・ベッツはDB9の名付け親だ。2000年夏、ニューポート・パグネルのCEOに就任したベッツは、当時進んでいたミドエンジンカー計画に首をかしげた。そんな路線変更をするより、かねてから暖めていたVHプラットフォームをVHヴァンキッシュとニューモデル共用にすれば、大幅なコスト削減に繋がるとベッツはライツレに提言した。

折り返しライツレの承認が返ってきた。イアン・キャラムがフロントエンジン車のデザインに取りかかり、2001年8月、DB9の概略が完成した。キャラムが新天地を求めてアストンを去ったのはその直後だ。2001年9月、BMWから移籍したヘンリック・フィスカーがデザイン・ディレクターに収まり、プロジェクトを完成した。

アストン・マーティンの企業改革も、フォードの上級役員を混乱に巻き込みながら強力にすすめた。イギリス国内でもっとも世間の注目を集めたのはフォードUKの生産部門における大量の人員削減で、ダゲナム工場が集中的に改革の対象となった。労働組合は新しい就業体制に不満を隠さず、その不満を抱えたままゲイドン工場に移籍した。新聞は第一面に『アストンでスト発生』と書き立てた。もっとも、内部の事情に通じている人物は私にこう耳打ちしたものだ。「実のところ彼らを責める気にはなれないのだよ」

上：アストン・マーティン特有のカリスマ性を発散するDB9。

下：手作りの内装は贅沢なしつらえだが、定石に忠実で冗長な部分はない。

左：ドクター・ウルリッヒ・ベッツ。DB9の名付け親。

右ページ：DB9ヴォランテは2004年デトロイト・モーターショーでワールドプレミアを果たした。

業界全体がボクシーなデザインに偏っており、ミラノのカロッツェリアが生んだ抑揚豊かなデザインに世界中がうっとりした時代だった。アストン・マーティンはまた、ウォルター・ヘイズのイニシアチブによって、この会社を愛する善意の人々が提供する膨大な資産を活用した。アストン・マーティンはDB4から最後のV8ヴァンティッジまで、本質的にはハロルド・ビーチの手によるプラットフォームだけで生き延びてきたメーカーだった。確かに小さな変更があり、拡幅、軽量化され、ド・ディオンを与えられた。し

24. ASTON MARTIN DB9

かし正鵠を射た基本設計があったからこそ、これだけの長寿を全うできた。自動車の歴史でもまれに見る例だと思う。DB7では減価償却の終わったシャシーを使ったが、これはこれとして正しい判断だった。今、アストン・マーティンに必要なのはまったく新しいシャシーだ。そして、ニューモデル、とりわけスピードの出るモデルを作る場合、多大な費用とリスクを伴うのがシャシー（今はプラットフォームという言い方をすべきか）の設計なのである。

アストンにこれまで蓄積された、伝統の縦置きフロントエンジン・レイアウトに関する膨大なノウハウを、残らず新型シャシーに投入し、モジュラータイプのモノコックプラットフォームを設計しなければならない。このベッツの方針によって開発された新型シャシーは、後にVHプラットフォームと呼ばれることになる。Vはバーチカル・インテグレーションを意味するが、これはモデルの種類が拡大して、この上に載るハードウェアが増えても対応可能という意味だ。Hはホリゾンタル・インテグレーション、つまりフォードPAG内部のリソースを横断的に応用できるという意味だ。ベッツはこのプラットフォームに安全思想が組み込まれることも折り込みずみだ。ヴィラージュの生産工程を合理化する目的で、ヘイズが間を取り持ったボルボとはもとより良好な関係にあった。そのボルボは今やPAGの一員だ。ベッツにとっては願ってもない環境だった。間もなくベッツはアストンとボルボの協調関係を一段と強化することになる。

かくしてアストン・マーティンは初めてロボットを導入した。なんのためか想像がつくだろうか。プラットフォームを形成するさまざまなコンポジットパーツを繋ぎ合わせ、ボディストラクチャーと一体化するためである。当惑するほど様々な素材を駆使するが、それでも主役はやはりアルミだ。それぞれのコンポーネントは主として接着剤を用いて繋いでいる。ちなみにこうして出来上がったプラットフォームは"ジェームズ・ボンダー"と呼ばれる。

DB9はアストン・マーティンにとって商業的に重要なモデルで、1台造るのに200時間を要する。しかし思い出していただきたい。あのDB7でさえ、その倍は掛かり、年間の生産目標は5000台に過ぎなかったのだ。

私はまだDB9に乗ったことがない。すでに乗った人、ロードテスター、例によって疑り深い人たちも、アストン・マーティン最良の車に仕上がっていると口を揃える。これが事実なら、素晴らしい快挙だ。寛大な両親の庇護があれば、ヨーロッパが擁する技術工学の粋は極めて高度な製品を作り得るという格好の事例である。

貨幣価値の変動を調整したうえで比べると、DB9は新車当時のDB4より大幅に高価な車ではない。DB9とジャガー現行モデルの値差は、DB9とDB4の値差とおおよそ等しい。フェラーリのステータスは昔から一定している一方、一時期存続すら危ぶまれたポルシェはすっかり息を吹き返した。長らく逼塞していたマセラティも復活した。こういうのをデジャヴというのか、私など、嬉しくて懐かしい奇妙な気分になってしまう。そしてこう問わずにはいられない。各ブランドが一堂に会してレースをする、そんな大胆な企画を実行する者はどこかにいないかと。プロダクションカーレースが大きな集客力を持つメジャーイベントに成長してくれればいいと思う。参加車両はスポーツカーに限ることはない。フォード、フィアット、ポルシェが同じサーキットで覇を競うレースはできないものか。

DB9が生産ラインに乗った後には、次が控えている。次期モデルはV8ヴァンテージだ。エンジンは4.3ℓ、DB9／ヴァンキッシュと近似性の強いボディをまとい、車重目標値は1450kg（28.54cwt）、これに380bhpのエンジンが組み合わさる。私たちが望むエントリーレベルのアストン・マーティンにもっとも近い車である。

V8とV12モデルを揃えたアストン・マーティンは、独自の市場を開拓したようだ。現代のアストン・マーティンはゲイドンのファクトリーで製作される。新社屋はそれ自体芸術品と呼ぶに相応しい。一方、ヴァンキッシュはバッキンガムシャーのニューポート・パグネルで以前とまったく同じ方法で1台ずつ手作りされる。ここにはレストア・ヘリテッジ部門が併設されている。由緒正しいファクトリーのある一画だけは時間が止まったようで、たまさか訪れる者にはなにひとつ変わっていないように見える。

ニューポート・パグネルから約100km北上すると新工場の所在地ゲイドンに着く。アストン・マーティンの明日を拓く地だ。

謝辞

　本書はアストン・マーティンについて個人的な所感を述べたものであるにもかかわらず、多くの方々から掛け替えのない援助とご協力を賜った。
　まずはアストン・マーティン・ラゴンダ・リミテッド社の諸氏。ハリー・カールトン、キングズリー・ライディング-フェルセ、バーバラ・プリンス、そして故ロジャー・ストーワーズに御礼申し上げる。
　アストン・マーティン社外の諸氏。リチャード・ウィリアムズ、リチャード・ゼスリン、ヴィック・バス、サイモン・ドレイパー、スチュワート・ブリッグス、ナイジェル・ブランシャード、そして私の兄リチャードからも計り知れない助力を賜った。
　アストン・マーティン・オーナーズ・クラブ、アストン・マーティン・ヘリテッジ・トラスト、ヘイマーケット・パブリシング、LATアーカイブからは大変なお力添えを賜った。
　最後に、アリソン・ロウリックとフローラ・マイヤー、ヘインズ・パブリシングのすべての方々、エディター、デザイナー、スタッフに、いつまでも目処のつかない原稿の遅れに耐えてくださったことを御礼申し上げる。

INDEX

索引

007シリーズ(映画)　5, 34, 89, 167
ABS(テヴェス Teves)　150
ACコブラ AC Cobra　101
AEブリコ AE Brico　89
AJS　31
APブレーキ AP braking　163
BMW　17, 171
BP　119
ERA　28-29
FIA　119
HWM　113
LGモータース LG Motors (Lagonda/Good)　8
MG　32, 78
　　MGC　78
MIRAテストコース　115
RACラリー　37
SU　19, 41, 61, 77, 83
TWR　142, 145, 147
ZFトランスミッション ZF transmission　78, 82, 86, 98
アームストロング・ショック・アブソーバー
　　Armstrong shock absorbers　51, 98
アームストロング・シドレー Armstrong-Siddeley　11
アイルランド, イネス Ireland, Innes　142
アウトウニオン Auto Union　29
アストン・マーティン Aston Martin
　　2リッタースポーツ　11-12
　　AMRレーシングカー　127, 157
　　AMV8　5, 100-105, 110, 114
　　Cタイプ　7, 14
　　DB Mk III　4, 34-41, 44, 90, 105
　　DB1　11-13, 18
　　DB2　8, 14-23, 37, 39, 51, 56, 92, 159
　　DB2バルケッタ　29
　　DB2/4　19, 24-27, 36, 48
　　DB2/4 Mk II　32-33, 35-37
　　DB3　26, 28-31, 34
　　DB3S　18, 26, 28-31, 34, 63, 93-94, 119
　　DB4　13, 16, 19, 36, 42-59, 64-65, 71, 91-92,
　　　　94-95, 99, 124, 128, 133-134, 138, 142, 147,
　　　　153, 164, 168, 171
　　DB4GT　46, 64-76, 86, 124, 128, 149, 153
　　DB4GTザガート　66-67, 81, 124, 148, 154, 157,
　　　　161
　　DB4ヴァンテージ　54, 80, 117
　　DB4ザガート　147
　　DB4シリーズ4ヴァンテージ　56, 76
　　DB4シリーズ5ヴァンテージ　55-56
　　DB5　52, 76-84, 86, 160, 168
　　DB5ヴァンテージ　82
　　DB5ラドフォード・エステートカー　83
　　DB6　51, 84-93, 99, 107, 157, 163
　　DB6 Mk I ヴァンテージ　88
　　DB6 Mk II　89
　　DB6ヴァンテージ　62
　　DB6ヴォランテ　83, 89-90
　　DB6ヴォランテMk I/Mk II　90
　　DB6エステートカー　91
　　DB7　5, 66, 138-155, 161, 163-164, 168-169, 171
　　DB7 GT　147, 149, 151-152
　　DB7ヴァンテージ　149, 151, 153

DB7ヴァンテージ・ヴォランテ　153, 155
DB7ザガート　152-155
DB8ヴォランテ　170
DB9　5, 163, 168-171
DBA/DBC　19
DBR1　28, 31, 45, 63
DBR2　45, 47, 139
DBR4/DBR5　63
DBRレーシングカー　139
DBS　16, 61, 89, 92-95, 99, 106-107, 160
DBSV8　96-99, 114, 117, 121, 157
DBSヴァンテージ　92, 108
Mk II　6
R. S. ウィリアムズ・ライトウェイト DB4　46
V8ヴァンテージ　120-123, 128, 153, 159-160, 167,
　　171
V8ヴォランテ　16, 99, 117, 120-123, 131, 160-161
V8ザガート　5, 124, 134
V8サルーン開発　114-118, 118, 120, 130, 132, 134
Vカー　156-167
アトム8　9, 11-12, 14, 18
アルスター　119
ヴァンキッシュ　5, 151, 153, 161, 164, 166-167,
　　170-171
ヴァンテージ　99, 106-109, 112, 137, 157, 159,
　　161
ヴィラージュ　5, 48, 93, 117, 131-137, 140, 147,
　　156-161, 171
オーグル　99, 102-103
オスカー・インディア　114, 116, 120-121
サンクション2ザガート　67, 71
"スパ・スペシャル"　13
デイヴィド・ブラウン・アメリカン・ロードスター
　　(DBAR 1)　154-155
ニムロッド　118-120, 127
ブルドッグ　115
プロジェクトカー　71, 74, 84, 127, 161, 163
ベルトーネDB4GT"ジェット"　69
ラゴンダV12　28-31, 45
ラゴンダV8シリーズI　93
ラドフォードDB5エステート　91
ラピド　78, 91, 109
開発プロジェクト
　　114　42, 47
　　155　63
　　184　42
　　186　43, 45
　　199　64-65
　　1999　138, 142, 145
　　2034　131
　　215　96
　　K901　115
　　フォーミュラ1　63
　　ラゴンダ・ラピド　61-63, 94, 105
　　ラゴンダ(1975年)　108, 120
　　ラゴンダ　11, 15, 26, 32-33, 110-113, 115,
　　　　130, 142, 145
アストン・マーティン・オーナーズクラブ
　　4, 46, 55, 86, 114, 118, 121, 142, 145
アルヴィス Alvis　43-44, 61
　　TD21　62
　　TD-TF　35
　　TF21　62

ストールワート(水陸両用車) Stalwart　16
アルゼンチン・グランプリ Argentine Grand Prix　63
アルファ・ロメオ Alfa Romeo　16-17, 121, 135
　　アルファ・ロメオ1750　66
　　アルファ・ロメオ2600スパイダー　57
アルフィン・ドラム・ブレーキ Alfin brake drums　22
イギリス・グランプリ British Grand Prix　64
イソッタ・フラスキーニ Isotta-Fraschini　9
インヴィクタ・ブラック・プリンス Invicta Black Prince　16
インターナショナル・トロフィー International Trophy　63
ヴァンウォール Vanwall　63
ヴァンダーヴェル, ガイ・アンソニー Vandervell, G. A.　31
ウィスクーム・パーク・ヒルクライム Wiscombe Park
　　31, 157
ヴィッカース Vickers　9
ウィリアムズ, リチャード・スチュワート
　　Williams, Richard Stewart　46, 70, 127, 157
ウィルキンス夫妻, ゴードン Wilkins, Gordon　139
ウェバー・キャブレター Weber　29, 33, 39, 47, 65, 70-
　　71, 73, 76, 82, 86, 89, 114, 118, 127
ウェバー・マレリ・フューエル・インジェクション
　　Weber Marelli　114, 117, 121, 127, 158
ウォーキンショー, トム Walkinshaw, Tom　142
ウッドゲート, レックス Woodgate, Rex　113
エキュリ・エコッス Ecurie Ecosse　127
エンジン
　　6.3ℓコンバージョン　137
　　DB2　17-18, 29, 41, 151
　　DB2/4　19, 29
　　DB4　5, 19, 45, 53-55
　　DB4スペシャルシリーズ　76
　　DB4GT　65
　　DB5　82
　　DB6　89
　　DB7　73, 142
　　DBA　35
　　DBA-DBC　44
　　LB6　12, 16, 26, 31, 34, 38, 39, 43, 45
　　RB6　31, 39
　　V12　5, 31, 147, 150-152, 155, 161, 163, 166, 171
　　V6　17
　　V8　19, 93, 96-97, 105, 107, 117, 128, 131, 158
　　VB6　29, 33
　　VB6/1　26
　　ヴァンウォール　31
　　ヴァンテージ　82, 127, 158
　　ヴァンテージ・チューン　20, 26, 86, 93, 98
　　ヴィラージュ　158
　　オーグルV8　104
　　キャラウェイ・チューンV8　19, 137, 161
　　コヴェントリー・シンプレックス　9
　　コンペティション・チューン　39
　　ジャガーXK　45, 54
　　シンガー　9
　　ラゴンダV12　16
オースティン, ハーバート Austin, Herbert　119
オースティン Austin　19, 43
　　アレグロ Allegro　91
カーティス, アラン Curtis, Alan　108, 110, 130
カーボロー・スプリント・レース Curborough sprint
　　157
ガーリング・ブレーキ Girling　18, 65, 76, 98, 150
カールトン, ハリー Calton, Harry　142

173

ASTON MARTIN

カティング, テッド Cutting, Ted 31, 45
カム・テール Kamm tail 84, 86, 89, 91, 163
カラム, イアン Callum, Ian 145, 147, 153, 161, 163, 168-170
カロッツェリア・トゥーリング →トゥーリングを参照
ガン, ウィルバー Gunn, Wilbur 6
カンパニー・ディベロップメント Company Developments 95, 100, 105-107, 110, 120, 139
ギア 16, 18-19, 29, 40, 51, 62, 74, 82
キャラウェイ, リーヴズ Callaway, Reeves 127, 131, 135, 158
ギャレット・ターボチャージャー Garrett 115, 118
ギンサー, リッチー Ginther, Richie 74
クーパー, チャールズ Cooper, Charles 156
クーパー Cooper 63
グッド, アラン Good, Alan 7, 11
グッドイヤー Goodyear 52
グッドウッド・サーキット Goodwood 31, 47, 75
クラーク, アラン Clark, Alan 37
クライスラー "トークフライド" オートマチック Chrysler "Torqueflite" 98
グリーンレイ, ケン Greenley, Ken 132, 159
クリップス, スタッフォード Cripps, Stafford 111
ゲイドン Gaydon 5, 170
ケント公, マイケル Kent, Prince Michael of 139
ゴーテ, ジョン Goate, John 46
ゴールドストーン（自動車販売）Goldstone 4, 20, 40, 117, 163
「ゴールドフィンガー」007映画 Goldfinger 34, 77
ゴーントレット, ヴィクター Gauntlett, Victor 5, 70, 119, 127, 137-140, 142, 145, 147, 155, 169
コスワース・エンジニアリング Cosworth Engineering 139, 142
コスワース・ピストン Cosworth pistons 118
コネリー, ショーン Connery, Sean 77
コフリン, スティーヴ Coughlin, Steve 115
コルヴェット Corvette 159
サーモン Salmon 32
サーモン, マイク Salmon, Mike 118
ザガート Zagato 66, 70, 124, 163
サザーランド, ゴードン Sutherland, Gordon 9
サルヴァドーリ, ロイ Salvadori, Roy 31, 45, 56, 64, 127
「サンダーボール作戦」007映画 Thunderball 89
サンデイ・ディスパッチ紙 Sunday Dispatch 142
サンビーム Sunbeam
　タイガー Tiger 101
　タルボット・アルパイン Talbot Alpine 11
ジーレンハマー, ペール Gylenhammar, Per 142
シェルビー, キャロル Shelby, Carroll 63, 101
ジェンセン Jensen 57, 107-108, 120
　FF 15
　SP 99
　インターセプター Interceptor 120
シムズ, リンドン Sims, Lyndon 37
ジャガー Jaguar 5, 11, 14, 16, 31, 43, 44-45, 107, 127, 140, 142, 147, 151, 154, 169, 171
　Eタイプ 24, 66-67, 69, 74, 105, 135, 154
　Eタイプ V12 41
　Sタイプ 62
　Mk I 60
　Mk II 62
　V12エンジン 149

XJ7 140
XJ12 154
XJ40 145
XJ220 142, 145-147
XJS 5, 145, 147, 154, 168
XK8 5, 147
XK120 15, 21
XK140 36
XK150 40-41, 70, 138
シュトラウスラー, ニコラウス Straussler, Nikolaus 16
ジュネーヴ・モーターショー Geneva Motor Show 69, 161
ジョーウェット・ジュピター Jowett Jupiter 29
ジョンソン, レスリー Johnson, Leslie 13, 29
シルヴァーストーン Silverstone 31, 45, 63, 65, 118, 120
シンプソン, ニール Simpson, Neil 147
スーパーレッジェラ Superleggera 18, 42, 48-49, 61, 80, 83-84, 86, 90
スカッチャード, アンソニー Scatchard, Anthony 10
スチュワート, ジャッキー Stewart, Jackie 142
ストワーズ, ロジャー Stowers, Roger 5
スパ・フランコルシャン Spa-Francorchamps 13-14, 29
スパーダ, エルコーレ Spada, Ercole 66, 169
スプラグ, ピーター Sprague, Peter 108, 110, 112
スポーツ・カー・グラフィック（自動車誌）Sports Car Graphic 72
ズボロウスキー伯爵, ルイス Zborowski, Count Louis 9, 119
スミス（計器）Smiths instruments 19
スラックストン Thruxton 46
西部自動車クラブ（フランス）Automobile Club de l'Ouest 7
世界耐久スポーツカー・チャンピオンシップ World Sports Car Endurance Racing 45
セラーズ, ピーター Sellers, Peter 21, 46
セレクタライド・ダンパー Selectaride （アームストロングも参照）83, 98
ソールズベリー・アクスル Salisbury axle 18, 20, 52, 124
ソレックス Solex
　キャブレター carburettors 61-62
　トランスミッション transmission 62
タイタス, ジェリー Titus, Jerry 73
ダイムラー・ベンツ Daimler-Benz 62
　スペシャル・スポーツ Special Sports 13
タヴィストック侯爵夫人 Tavistock, Marchioness of 112
タウンズ, ウィリアム Towns, William 92, 94, 96, 110, 112, 114-115, 117, 132
ダウン子爵 Downe, Viscount 127
ダックワース, キース Duckworth, Keith 139
ダッジ・ヴァイパー Dodge Viper 157
ダッシュボード 19, 21, 39-40, 56, 62, 67, 82, 91, 111-112, 128, 144, 160
ダンドロド（アルスター）・サーキット Dundrod, Ulster 28, 31
ダンロップ・ブレーキ Dunlop 150
チャーターホール Charterhall 31
チャーンウッド卿 Charnwood →ジョン・ベンソンを参照
チャプマン, コリン Chapman, Colin 139
ツーリスト・トロフィー Tourist Trophy 28
ディジョン Dijon 127
ティックフォード Tickford 25, 32, 119
デイリー・エクスプレス・トロフィー Daily Express Trophy 65

データ
　AMV8シリーズ 2/3/4/5 117
　DB Mk III 35
　DB2 15
　DB2/4 25
　DB2/4 Mk II 33
　DB4シリーズ 1 43, 51
　DB4シリーズ 2/3/4/5 50
　DB4GT 65
　DB5 77
　DB6 Mk I/Mk II 85
　DB7 139
　DB7ヴァンテッジ 149-150
　DBAR 1 155
　DBS 93
　DBS AM ヴァンテッジ 93
　DBSV8 97
　V12 ヴァンキッシュ 167
　V8 121, 160
　V8 ヴァンテッジ/V8 ヴォランテ 121
　ヴィラージュ 131
デトロイト・モーターショー Detroit Motor Show 170
デロリアン, ジョン DeLorean, John 115
トゥーリング Touring 17, 33, 42, 47, 49, 57, 61, 86, 94, 134, 153
　スパイダー Spyder 33, 42, 49
トタル Total 119
ド・ディオン・アクスル de Dion rear axle 16, 29, 51, 65, 74, 94-95, 98, 128, 135, 137, 171
トライアンフ Triumph 78, 108
トラバント Trabant 60
トランティニャン, モーリス Trintignant, Maurice 63
トリノ・モーターショー Turin Motor Show 69
ナッサー, ジャック Nasser, Jac 168-169
ニクソン, クリス Nixon, Chris 74
ニムロッド・レーシング・オートモビルズ Nimrod Racing Automobiles 119
ニューポート・パグネル Newport Pagnell 5, 25, 49, 89, 115, 124, 134, 163, 167, 170-171
ニューヨーク・モーターショー New York Motor Show 114
ニュルブルクリンク1000kmレース Nurburgring 1000km 74-75
ノートン・モーターサイクル Norton Motorcycles 31
バーカーズ Barkers 16
パーネル, レジ Parnell, Reg 19, 29, 31, 63
バイヤーズ・ガイド
　AMV8 109
　DB2 23
　DB4/5/6 58
　DBS/DBSV8/ヴァンテッジ 109
バウラー, マイケル Bowler, Michael 127
パッカード Packard 9
パナール・ロッド Panhard rod 29
ハミルトン, ロビン Hamilton, Robin 118-119
バムフォード&マーティン Bamford & Martin Ltd 9
バムフォード, ロバート Bamford, Robert 9
ハラム, スティーヴ Hallam, Steve 115
ビアドモア, ウィリアム Beardmore, William 16
ビアンキ, カルロ・フェリーチェ Bianchi, Snr 49
ヒース, テッド Heath, Ted 100
ビーチ, ハロルド Beach, Harold 15-16, 19, 35-36, 43, 48-49, 64-65, 83, 94, 96, 120, 124, 128, 133, 137,

INDEX

151, 159, 166, 171
ヒーレー Healey 40, 78
ヒル、グレアム Hill, Graham 74
ヒル、クロード Hill, Claude 6, 9, 11-14, 16, 18, 22
ピレリ Pirelli 53
ファーガソン、ハリー Ferguson, Harry 10
ファーガソン Ferguson 15
ファセル・ヴェガ Facel Vega 57, 69
フィアット Fiat 171
　　フィアット8V 17
フィーレイ、フランク Feeley, Frank 11-12, 16-17, 29, 42, 93
フィスカー、ヘンリク Fisker, Henrik 170
フェラーリ Ferrari 17, 31, 44, 57, 67, 128, 168, 171
　　250シリーズ 66, 69
　　288GTO 124
　　365 BB 169
　　F40 127
　　GTO 75
　　ディーノ Dino 63
フォード Ford 15, 109, 127, 142, 145-146, 156-157, 161, 163, 168-171
　　ダゲナム工場 Dagenham plant 170
　　EEC IV エンジン制御システム 158
　　エドセル Edsel 61
　　GT40シリーズ 29, 74, 97, 118, 139, 142
　　ミラージュ Mirage 29
　　プレミア・オートモーティヴ・グループ（PAG）Premier Automotive Group 169, 171
　　シエラ Sierra 135
　　V8 127
フォード2世、ヘンリー Ford, Henry II 139-140, 142, 146
フォーミュラ・リブレ Formule Libre 63
フォーミュラ1 Formula 1 63
フォランド、ダドリー Folland, Dudley 29
フォルメンティ、フェデリコ Formenti, Federico 49
フォン・エーベルフォルスト博士、ロベルト・エベラン von Eberhorst, Dr Robert Eberan 15-16, 28-29, 31, 35
ブラウン、アーチー・スコット Brown, Archie Scott 45
ブラウン、アーネスト Brown, Ernest 10
ブラウン、デイヴィド Brown, David 6, 9-12, 14, 28, 31-32, 43, 47, 60, 63, 95, 100, 104-105, 108, 114, 119, 138, 140, 145, 150
ブラウン、パーシー Brown, Percy 10
ブラウン、フランク Brown, Frank 10
フラザー、デニス Flather, Denis 108, 110
ブラバム Brabham 127
フランクフルト・モーターショー Frankfurt Motor Show 124
フランシス、アルフ Francis, Alf 113
ブリース、デイヴィド Preece, David 108
ブリストル Bristol 17, 160, 166
　　ブリストル406 66
ブリティッシュ・エンパイア・トロフィー British Empire Trophy 31
ブルックランズ Brooklands 9
ブレンボ・ブレーキ Brembo 150
ブロードレー、エリック Broadley, Eric 97, 118-119, 139
ブロクサム工場 Bloxham 146, 166
ヘイズ、ワルター Hayes, Walter 5, 139-140, 142, 145-147, 156-157, 161, 169, 171

ベース、ヴィック Bass, Vic 5
ペース・ペトロリアム Pace petroleum 118
ベッツ博士、ウルリッヒ Bez, Dr Ulrich 161, 168-171
ヘトリード、ブライアン Hetreed, Brian 74
ヘファーナン、ジョン Heffernan, John 132, 159
ベルテッリ、アウグストス Bertelli, Augustus 9, 14
ベルテッリ、ハリー Bertelli, Harry 9
ベン、トニー Benn, Tony 108
ベンソン、ジョン Benson, John 9
ベントレー Bentley 113, 149, 157
　　フライング・スパー Flying Spur 61
ベントレー、ウォルター・オーウェン Bentley, W. O. 6, 9, 11, 13, 43
ボーグ&ベック・クラッチ Borg & Beck 20
ボーグワーナー・トランスミッション Borg-Warner transmission 61, 86
ホースフォール、ジョン Horsfall, St John 13, 15, 29, 118
ボクストロム、マックス Boxtrom, Max 127
ボッシュ・インジェクション Bosch fuel injection 97, 114-115, 117
ポルシェ Porsche 20, 29, 57, 83, 117, 138, 147, 169, 171
　　ポルシェ959 124
ボルスター、ジョン Bolster, John 4, 66, 72-73, 92
ポルトガル・グランプリ Portuguese Grand Prix 63
ボルボ Volvo 142, 169, 171
マーキュリー Mercury 169
マーティン、キース Martin, Keith 115
マーティン、ライオネル Martin, Lionel 9
マクラーレン McLaren 157
マセラティ Maserati 17, 31, 57, 67, 128, 171
　　250F 63
　　3500クーペ 57, 80
マツダ・スイッチギア Mazda switchgear 168
マニェッティ・マレッリ Magneti Marelli 166
マリナー Mulliner 25
マレック、タデック Marek, Tadek 16, 19, 35-36, 43-45, 46, 51, 64, 70, 73, 86, 95-97, 106, 114-115, 117-118, 128, 131, 161
ミッレミリア Mille Miglia 139
ミンデン、ジョージ Minden, George 108, 110
メリット・ブラウン式無限軌道用動力伝達方式 Merritt-Brown caterpillar Transmission 10
メルセデス・ベンツ Mercedes-Benz 62, 98
　　メルセデス・ベンツ6.9 99
　　メルセデス・ベンツ600 97
モーター（自動車誌）Motor 45, 98
モス、スターリング Moss, Stirling 63-64
モス・ギアボックス Moss gear box 40
モナコ・モーターズ Monaco Motors 15
モナコ・スポーツカー・レース Monaco 31
モントリオール・モーターショー Montreal Motor Show 102
横浜ゴム 52
ライツレ、ウォルフガング Reitzle, Wolfgang 169-170
ライディング-フェルセ、キングズリー Riding-Felce, Kingsley 161, 163
ラゴンダ Lagonda（アストン・マーティンも参照）8, 11-14, 108
　　3ℓ 60
　　4 1/2 ℓ 6, 8, 9
　　LB6 6, 8, 14
　　レイピア 7, 8

V12 12, 31
ヴィニャーレ 161
ランチア・フラミニア・クーペ Lancia Flaminia 57, 153
ランドローバー Land Rover 83, 169
ランボルギーニ Lamborghini 19, 94
リヴァノス、ジョージ Livanos, George 140
リヴァノス、ピーター Livanos, Peter 70, 119, 127, 140
リスター、ブライアン Lister, Brian 31
リスター・ジャガー Lister Jaguar 45
リスター Lister 147
　　ストーム Storm 157
リンカーン Lincoln 140
ルーカス Lucas 18, 19
ルーツ Rootes 11
ルマン Le Mans 8, 13, 18, 21, 28, 31, 56, 65, 74-75, 96-97, 118, 127, 147
レイストール・クランクシャフト Laystall 43
レイピア・モータース Rapier Motors Ltd 8
レイランド Leyland 108
レンウィック&ベルテッリ Renwick & Bertelli 9
ローズビー、マイク Loasby, Mike 112, 115, 118, 120
ロータス・エラン Lotus Elan 24
ロード&トラック（自動車誌）Road & Track 56
ローラ Lola 118
　　T70 96-97, 118
ロールス・ロイス Rolls-Royce 7, 62, 98, 146
　　コンチネンタル Continental 153
　　ファントムIII Phantom III 9
ロルト、トニー Rolt, Tony 15
ロンドン・モーターショー London Motor Show 13, 33, 57, 61, 65, 67, 94, 97, 111, 130
ワールド・スポーツカー・エンデュランス・チャンピオンシップ World Sports Car Endurance Racing 45
ワールド・スポーツカー・チャンピオンシップ World Sports Car Championship 28, 31
ワイア、ジョン Wyer, John 15, 29, 40, 74, 127, 139
ワトソン、ウィリー Watson, Willie 6, 14, 16-17, 26, 29, 31, 43, 45